Razan Malla
Sankar Shrestha

Irrigação por gotejamento: Produção de forragem no Nepal

Razan Malla
Sankar Shrestha

Irrigação por gotejamento: Produção de forragem no Nepal

Eficiência na utilização da água, poupança de água e produtividade

ScienciaScripts

Imprint

Any brand names and product names mentioned in this book are subject to trademark, brand or patent protection and are trademarks or registered trademarks of their respective holders. The use of brand names, product names, common names, trade names, product descriptions etc. even without a particular marking in this work is in no way to be construed to mean that such names may be regarded as unrestricted in respect of trademark and brand protection legislation and could thus be used by anyone.

Cover image: www.ingimage.com

This book is a translation from the original published under ISBN 978-3-659-88922-6.

Publisher:
Sciencia Scripts
is a trademark of
Dodo Books Indian Ocean Ltd. and OmniScriptum S.R.L publishing group

120 High Road, East Finchley, London, N2 9ED, United Kingdom
Str. Armeneasca 28/1, office 1, Chisinau MD-2012, Republic of Moldova, Europe
Managing Directors: Ieva Konstantinova, Victoria Ursu
info@omniscriptum.com

Printed at: see last page
ISBN: 978-620-3-25820-2

ÍNDICE DE CONTEÚDOS

ACRÓNIMOS

^{0}C	Degree Celsius
ANOVA	Analysis of Variance
CD	Critical Difference
Cm	Centimeter
CU	Uniformity Coefficient
CV	Coefficient of Variation
DAS	Days after Sowing
DM	Dry Matter
DMRT	Duncan's Multiple Range Test
DU	Distribution Uniformity
et al.	et alli
FYM	Farm Yard Manure
GDP	Gross Domestic Products
Ha	Hectare
IWUE	Irrigation Water Use Efficiency
LSD	Least Significant Difference
Mg	Mega gram
MoAC	Ministry of Agriculture and Co-operatives
MoAD	Ministry of Agriculture and Development
MOP	Muriate of Potash
NARC	Nepal Agriculture Research Council
NPK	Nitrogen, Phosphorus and Potash
NS	Non-Significant
R	Correlation
R^2	Coefficient of Determination
RF	Rainfall
RH	Relative Humidity
SD	Standard Deviation
SEm ($\pm$)	Standard Error of Mean
TDM	Total Dry Matter
USDA	United States Department of Agriculture
WUE	Water Use Efficiency

1 INTRODUÇÃO

A agricultura é um dos sectores mais susceptíveis às alterações climáticas (Kurukuasuriya et. al., 2003), sendo a produção animal a área económica mais sensível ao clima (IPCC, 2007). As alterações climáticas podem afetar negativamente vários aspectos dos sistemas de produção animal, incluindo a saúde e a produtividade dos animais, a produção de forragens, a disponibilidade de água, as pragas e as doenças (Thornton et. al., 2009). O sector da pecuária - parte integrante do sistema agrícola misto do Nepal - está a enfrentar os impactos adversos da variabilidade e dos extremos climáticos (MoAD, 2012). Os pequenos agricultores com baixos rendimentos constituem um grupo numeroso e particularmente vulnerável. Dada a popularidade da produção leiteira na cintura meridional e nas colinas médias, as práticas de cultivo de forragens também estão a aumentar no Nepal. Atualmente, são cultivados mais de 2 000 ha de diferentes tipos de culturas forrageiras. A área cultivada com forragens representa menos de 0,05% do total das terras agrícolas (NFGRC, 2007). Em comparação com outros países, a terra consagrada ao cultivo de forragens é insignificante no Nepal.

A irrigação - a aplicação artificial de água na terra - é um dos factores importantes para acelerar o crescimento da agricultura. Não se limita a repor a humidade do solo, mas também abre a porta a outros factores de produção, como as estradas agrícolas, a eletrificação rural, a extensão rural, os fertilizantes e as sementes melhoradas, gerando um efeito multiplicador na economia nacional. Os principais recursos hídricos disponíveis para a agricultura são a precipitação, as águas superficiais dos rios e as águas subterrâneas dos aquíferos. O Nepal tem 2,64 milhões de hectares (ha) de terras cultiváveis. Desta área, 66% ou 1,76 milhões de ha são irrigáveis. Do total de terras irrigáveis, o total de terras irrigadas é de cerca de 1,33 milhões de ha. Destes, 0,73 milhões de ha são irrigados à superfície, 0,35 milhões de ha são irrigados com água subterrânea e 0,23 milhões de ha são irrigação gerida por agricultores (MoAD, 2013). A produção agrícola foi de 7,2 milhões de Mgs em 2003, o que apenas satisfaz as necessidades mínimas da nação em termos de cereais alimentares. Desse total, apenas

3,3 milhões de Mgs provinham da agricultura de regadio (NWP, 2005).

Os maiores sistemas fluviais - de leste para oeste: Koshi, Gandaki/Narayani, Karnali/Goghra e Mahakali, todos têm origem nos Himalaias ou para além deles e mantêm caudais substanciais ao longo do ano. A bacia do rio Gandaki/Narayani tem sete afluentes dos Himalaias: Daraudi, Seti Gandaki, Madi, Kali gandaki, Marsyandi, Budhi Gandaki e Trisuli. Após a junção dos sete afluentes superiores, o rio torna-se o Narayani no Nepal; no entanto, é chamado Gandak na Índia. A área da bacia do sistema fluvial do Gandak cobre 31100 km^2, juntamente com os 54100 km^2 do Koshi e os 42890 km^2 do Karnali (Mool, 2001). A topografia do Nepal é acidentada e, embora os grandes rios provoquem frequentemente inundações, a água para a agricultura é muitas vezes insuficiente devido à falta de infra-estruturas de armazenamento de água e de irrigação.

A irrigação convencional foi muito útil para as explorações agrícolas e para os agricultores no passado. A água aplicada através deste sistema apoiou o crescimento de pastagens anuais e perenes, produzindo um sistema de produção económico. Nos últimos anos de seca, a falta de água de irrigação, juntamente com o seu custo, comprometeu as perspectivas de crescimento das pastagens perenes, obrigando os agricultores a avaliarem utilizações alternativas da terra e sistemas de irrigação. A dependência das culturas anuais e das pastagens é cada vez maior, obrigando os agricultores a comprar mais alimentos para animais fora da exploração, a um custo mais elevado do que os alimentos produzidos internamente, para colmatar as lacunas alimentares. O aumento da dependência de alimentos comprados aumenta os custos de produção e o risco comercial da atividade leiteira na região.

No Nepal, a maioria dos sistemas de irrigação baseia-se na irrigação de superfície - de facto, a irrigação por sulcos tem funcionado com sucesso durante gerações. A irrigação por sulcos é o método dominante de irrigação no Nepal. A irrigação por sulcos, em que a água é transferida de uma vala principal para os sulcos das culturas através de sifões, é uma das formas mais simples e antigas de irrigação (Hansen *et al.*, 1980). Pode atingir uma razoável UDE da cultura, mas é muito variável e limitada. A irrigação por sulcos envolve um equilíbrio entre o declive e o comprimento do campo, as taxas de infiltração de água e a taxa de aplicação da irrigação para uniformidade da água aplicada no perfil e redução da drenagem para além da zona radicular (Hansen *et al.,* 1980). Devido à natureza do sistema (inundação de sulcos), o encharcamento é comum. Além disso, uma maior quantidade de água será fornecida à extremidade superior do campo, aumentando assim a drenagem profunda para além da zona radicular nesta região ou privando as plantas na extremidade inferior do campo de uma zona radicular totalmente recarregada. Uma taxa de aplicação elevada e um tempo de rega longo podem resultar num escoamento excessivo, enquanto que taxas de aplicação baixas resultam num avanço lento da água, causam uma má distribuição da água e perdas por drenagem profunda. O tipo de solo, a heterogeneidade e as taxas de infiltração associadas, tanto ao longo como ao longo do campo, também afectam a eficiência da rega por sulcos. Por conseguinte, os solos duros (com crosta) podem ser problemáticos nos sistemas de rega por sulcos, uma vez que o afrouxamento do solo pode resultar na deformação do leito e em deslizamentos. As perdas de água da cauda, a percolação profunda, a evaporação e as perdas por infiltração dos canais de rega constituem as perdas de água predominantes nos sistemas de rega por sulcos. A irrigação por sulcos, embora inerentemente limitada, é um sistema muito fiável e flexível que pode ser gerido de forma a atingir uma UDE razoável. Para além disso, este sistema encoraja profundidades de enraizamento das culturas mais profundas, de modo a utilizar a água de todo o perfil.

A rega gota a gota, também conhecida como rega gota a gota, microaspersão ou rega localizada, é uma técnica que permite que a água goteje lentamente até às raízes das plantas, diretamente na zona radicular, através de uma rede de válvulas, tubos e emissores. A rega gota-a-gota refere-se a qualquer sistema de rega de culturas em que a água é fornecida diretamente a cada planta individual de forma gradual e contínua. A rega gota-a-gota é um sistema de rega moderno e eficiente. As suas principais vantagens em comparação com outros métodos incluem: maior produtividade das culturas, poupança de água, aumento da eficiência do uso de fertilizantes, redução do consumo de energia, tolerância a condições atmosféricas ventosas, redução do custo de mão de obra, melhoria do controlo de doenças e pragas, viabilidade para terrenos ondulados e inclinados, adequação a solos problemáticos e maior tolerância à salinidade (Michael, 2008). Yildirim e Korukcu (2000) relataram que a irrigação por gotejamento geralmente alcança uma melhor produtividade das culturas e equilibra a umidade do solo na zona ativa da raiz com perdas mínimas de água. Em média, a irrigação por gotejamento economiza cerca de 70 a 80% de água em comparação com os métodos convencionais de irrigação por inundação. A principal desvantagem dos sistemas de rega gota-a-gota é o custo da fita ou tubo gotejador e a sua instalação. No entanto, a rega gota-a-gota pode ter um papel importante na satisfação das exigências associadas com o aumento da pressão dos produtores para aumentar a UDE e maximizar a produção (Rourke, 2004). Historicamente, a programação da irrigação em sistemas de irrigação por gotejamento provou ser um pouco mais difícil do que outros métodos de irrigação (Hansen *et al.*, 1980). A irrigação por gotejamento pode melhorar substancialmente a EUA, minimizando a perda de água por evaporação e maximizando a captação de chuvas no perfil do solo (Bhattarai *et al.*, 2008).

O Nepal tem um clima de monção caracterizado por fortes chuvas de monção de junho a setembro, com mais de 80 por cento da precipitação anual a ocorrer durante este período. No entanto, a distribuição espacial e temporal da precipitação das monções tornou-se errática nos últimos anos (Krakauer, 2013 e Wang, 2013). A análise da precipitação indica que, nas últimas décadas, tem havido uma tendência para secas mais frequentes e intensas durante a estação seca na região da bacia do rio Gandaki (GRB), no centro do Nepal (MoAD, 2012). Além disso, a maior parte da precipitação deixa o país sob a forma de escoamento superficial durante a estação das chuvas. Estima-se que o escoamento superficial anual seja de 224 mil milhões de m (224 km^3). Deste valor, menos de 10% é desviado para irrigação (WRS 2002). Como a maior parte da agricultura no Nepal é alimentada pela chuva, estas mudanças representam uma ameaça significativa para a produção agrícola. Para este efeito, a irrigação por gotejamento oferece uma opção viável para a produção económica em áreas de baixa pluviosidade ou períodos de escassez de água.

Por conseguinte, tendo em conta estes factos, foi concebido um estudo de campo abrangente com os seguintes objectivos

- Determinar os efeitos dos métodos de irrigação por gotejamento e por sulco nas propriedades do solo.
- Quantificar e comparar o uso da água para a produção de forragem sob métodos de irrigação por gotejamento e por sulco.
- Medir a eficiência do uso da água de irrigação para os métodos de irrigação por gotejamento e por sulco.

2 REVISÃO DA LITERATURA

Nesta secção, foi feito um esforço para fazer uma breve revisão dos resultados da investigação disponível sobre os efeitos dos métodos de irrigação por gotejamento e por sulco na eficiência do uso de nutrientes, uso da água e eficiência do uso da água.

2.1 Efeitos nas propriedades do solo

As propriedades físicas e químicas do solo são alteradas devido a eventos de chuva ou irrigação suplementar fornecida durante a produção de culturas (Green *et al.*, 2003). Este processo dinâmico depende da frequência (Cameira *et al.*, 2003), quantidade (Bardaranayake e Arshad, 2006) e métodos (Bandaranayake *et al.*, 1998) de aplicação de água e subsequente secagem.

O azoto e o fósforo são nutrientes importantes para o crescimento das forragens. A carência de azoto provoca uma redução da fotossíntese (Bowman, 1991), bem como uma redução do crescimento das plantas e da clorose. Do mesmo modo, a carência de azoto reduz o tamanho, o volume e o teor de proteínas das células e reduz o número e o tamanho dos cloroplastos. Especialmente no caso das leguminosas forrageiras e forrageiras, a deficiência de fósforo é comummente prevalecente. A deficiência de fósforo reduz o desenvolvimento da raiz e altera a morfologia da raiz (Christie, 1975). Por outro lado, as raízes podem concentrar-se na camada superior do solo, onde o P pode estar mais disponível para a planta.

Uma gestão eficaz da água pode aumentar a disponibilidade de nutrientes, a transformação de nutrientes no solo ou a partir de fertilizantes. A mineralização do N orgânico é proporcional à água do solo e o N nitrato mineralizado líquido aumenta com o aumento do teor de água num intervalo adequado. A água influencia o movimento dos nutrientes minerais do solo para as raízes e depois das raízes para as partes aéreas das plantas (Li *et al.*, 2009). A água afecta a transformação original dos nutrientes no solo, transformando os nutrientes indisponíveis em formas disponíveis. O stress hídrico influencia a disponibilidade de nutrientes para as plantas cultivadas e, por conseguinte, a quantidade total de absorção. Em geral, o stress hídrico reduz tanto o crescimento das plantas como a absorção de nutrientes, mas a taxa de redução da assimilação líquida é mais grave do que a dos nutrientes, levando a um aumento relativo da concentração de nutrientes (Li *et al.*, 2009). Marschner (1986) salientou que em qualquer caso, as alterações no fornecimento de água resultaram em alterações correspondentes na distribuição das raízes no perfil do solo e nas quantidades de absorção de nutrientes das diferentes camadas. Alva e Mozzafari (1995) também referiram que os tratamentos de fertirrigação mantiveram uma concentração elevada de NO_3-N a pouca profundidade do que na camada mais profunda. Bar-Yosef (1999) relatou um número de potenciais vantagens agronómicas para a fertirrigação com irrigação por gotejamento subsuperficial (SDI) sobre a irrigação por gotejamento superficial.

O fósforo é um nutriente relativamente imóvel no solo e a difusão é o principal processo que controla o seu movimento. Assim, indiretamente, a humidade do solo regula a mobilidade do P no solo (Marschner, 1995). O valor de P extraível do solo é o mais elevado na superfície do solo onde o fertilizante P foi aplicado. O nível de P diminui devido à absorção pelas plantas à medida que se desce no perfil do solo até atingir o nível do subsolo (Balkcom *et al.*, 2009). Também o teor de Olsen P ao longo da camada de 0-60 cm sob tratamentos de irrigação por gotejamento e subsuperfície foi menor do que sob o tratamento de irrigação por sulco. No entanto, o total, o conteúdo orgânico e inorgânico de P de 20 a 60 cm sob o tratamento de irrigação por gotejamento foram maiores do que ou perto daqueles sob o tratamento de irrigação por sulco, mas foram menores sob o tratamento de irrigação subsuperficial do que sob o tratamento de irrigação por sulco (Yang *et al.*, 2011).

Balkcom e Curtis (2009) descobriram que a injeção de K através do gotejamento sub-superficial com a água levou o material para a superfície do solo, bem como mais profundo no perfil. Aparentemente, o K adequado estava disponível para a planta, não importando se foi aplicado da maneira tradicional com um material seco espalhado por cima ou injetado com um material solúvel em água através do gotejamento sub-superficial. Além disso, o acúmulo de K trocável foi maior em camadas mais profundas (45-60 cm) no sulco (92,9 kg ha $^{-1}$) e irrigação por gotejamento (95,4 kg ha $^{-1}$, onde todo o K fertilizante foi aplicado uma vez no solo, indicando risco potencial de lixiviação (Hebbar *et al.* 2004).

2.2 Efeitos na produção de forragem

O cultivo de forragens é um conceito relativamente novo para os agricultores nepaleses (Miller, 1997), mas, desde a última década, o cultivo de culturas forrageiras tem aumentado significativamente, estando estimado em 1300 ha em 2002 (TLDP, 2002). Não estão disponíveis pacotes e práticas de informação científica e técnica sobre gramíneas e leguminosas adequadas, devido à falta de tecnologias, pelo que os agricultores não têm conseguido produzir o máximo de matéria seca (TLDP, 2002).

As forragens tropicais variam de acordo com o contexto do país, juntamente com a variação genética em termos de estabelecimento, produtividade e valor nutritivo devido a diferenças no microclima, tipos de solo e humidade, práticas de cultivo e fertilidade do solo (Thomas, 2003; Rao, 2004; Valentim e Andrade, 2005).

Rao e Shahid (2011) descobriram que a forragem verde (fresca) e o rendimento da matéria seca do feijão-caupi foram 77,8 Mg ha $^{-1}$ e 18,1 Mg ha $^{-1}$, respetivamente, com irrigação por gotejamento. Ibrahim *et al.* (2006) obteve uma produtividade de forragem verde de 22,6 Mg ha^{-1} e uma produtividade de matéria seca de mais de 4 Mg ha^{-1} em seus trabalhos com feijão-caupi. Mullen (1999) relatou que o rendimento da matéria seca do feijão-caupi variou de 500 kg ha^{-1} em condições de sequeiro a mais de 4000 kg ha^{-1} em condições favoráveis em New South Wales, Austrália.

O crescimento de duas ou mais espécies de culturas simultaneamente no mesmo campo durante uma estação de crescimento, que é definido como cultura intercalar (Ofori e Stern, 1987), tem muitas vantagens sobre a monocultura. Proporciona uma utilização eficiente dos recursos ambientais, reduz o risco para o custo de produção, proporciona uma maior estabilidade financeira para os agricultores, diminui os danos causados por pragas, suprime o crescimento de ervas daninhas mais do que as monoculturas, melhora a fertilidade do solo através do aumento do azoto no sistema e melhora o rendimento e a qualidade da forragem (Francis *et al.*, 1976; Willey, 1979). Muitos investigadores exploraram a utilização de culturas intercalares para a produção de forragem.

O teor proteico das gramíneas tende a diminuir mais rapidamente com o aumento da maturidade do que o das leguminosas. A digestibilidade e a qualidade dos alimentos diminuem à medida que as plantas amadurecem, mas a quantidade de matéria seca aumenta. Os resultados da investigação revelaram que as leguminosas puras tinham uma digestibilidade e um teor de proteínas mais elevados do que as gramíneas/forragens, por exemplo, o teosinte, ao passo que o cultivo de leguminosas em mistura com o teosinte aumentava a digestibilidade e o teor de proteínas da forragem colhida em comparação com a cultura pura de teosinte (Brian *et al.*, 2005).

Os resultados da investigação são tais que a sementeira tardia resultou numa redução considerável do rendimento, mas as concentrações de proteínas brutas e de cinzas das plantas tenderam a aumentar com a data de sementeira mais tardia. O aumento na concentração de proteína bruta com a semeadura tardia era esperado devido à redução da maturidade das plantas. Mgiolo *et al.* (1987) relataram um teor de proteína bruta (PB) significativamente mais elevado no cultivo intercalar de milho-soja do que no milho monocultivado. O conteúdo de proteína bruta no grão e nas folhas variou de 22 a 30% com base no peso seco (em comparação, a alfafa tem 18 a 20% de proteína) e de 13 a 17% nos haulms com uma alta digestibilidade e baixo nível de fibra (Tarawali *et al.*, 1997). Dahmardeh *et al.* (2009) concluíram que o cultivo intercalar de milho e feijão-frade resultou em mais matéria seca digestível e também em proteína bruta. Javanmard *et al.* (2009), que trabalharam na consociação de milho com diferentes leguminosas, indicaram que o rendimento de matéria seca e o rendimento de proteína bruta da forragem aumentaram em todas as composições de consociação, em comparação com a monocultura de milho.

Quando cultivado como cultura inteira, o peso seco de forragem 6,12 Mgha^{-1} foi obtido a partir do feijão-frade em monocultura, enquanto o peso seco do milho em monocultura foi de 8,7 Mgha^{-1} e o peso seco da mistura de 10,47 Mgha-1 foi alcançado por Eskandari e Ghanbari (2009). A absorção de azoto pelo milho em culturas intercalares foi significativamente superior à do milho em monocultura. A absorção média de N nas parcelas de culturas intercalares foi 1,34 vezes superior à das parcelas de milho em monocultura (Eskandari e Ghanbari, 2009). A maior utilização de recursos pelas culturas intercalares foi considerada como a base biológica para a obtenção de vantagens de rendimento (Keating e Carberry, 1993).

A capacidade da planta para fixar o azoto atmosférico ajuda a manter a fertilidade do solo, enquanto a sua tolerância à seca aumenta a sua adaptação a zonas mais secas consideradas marginais para a maioria das outras culturas (Singh *et al.,* 1995). Chittapur *et al.* (1994) relataram que o milho foi consorciado com feijão-frade, soja ou sunhemp na proporção de 1:1, 2:1 ou 3:1. A maior produção de forragem foi obtida com a consociação de soja ou feijão-frade na proporção de 1:1. Resultados semelhantes foram registados por Jayanthi *et al.* (1994) e Abdullah e Chaudhry (1996). As produções máximas de forragem mista 55,75 Mg ha^{-1} e 65,10 Mg ha^{-1} durante o primeiro e o segundo ano de experimentação foram obtidas da associação de milho e feijão-frade quando o feijão-frade foi consorciado em linhas alternadas com o milho. (Jayanthi *et al.,* 1994; Iqbal *et al.,* 2006).

O desenvolvimento de perfilhos é uma caraterística essencial da planta que afecta a acumulação de biomassa e, portanto, a produção de matéria seca em muitas forragens. Bruns e Horrocks (1984) afirmaram que existe uma grande variação no número de perfilhos em culturas forrageiras, dependendo do genótipo e das condições de crescimento. Fatores ambientais, incluindo fotoperíodo, intensidade de luz, temperatura, umidade do solo e fertilidade, são conhecidos por afetar o número de perfilhos produzidos por teosinte, sorgo e outras gramíneas (Langer, 1963).

Um maior número de perfilhos acumulados por planta de sorgo foi observado com o plantio no início de abril comparado com o início de maio e início de junho no Texas (Gerik e Neely, 1987). O seu estudo também indicou que o número cumulativo de perfilhos por planta e o número de perfilhos produtivos por planta diminuíram com o aumento da densidade de plantas.

Foi referido que, na Índia, aowepa produz 25-45 Mgha$^{(-1)}$ ^{de} rendimento de forragem verde, o milho produz 30-55 Mgha^{-1} de rendimento de forragem verde e o teosinte 30-45 Mgha^{-1} de rendimento de forragem verde. O teosinte produziu mais forragem em base húmida mas menos matéria seca por acre do que o milho ou o sorgo forrageiro. Nem a qualidade da forragem nem o rendimento foram suficientemente elevados para colocar o teosinte ao lado do milho ou do sorgo forrageiro como cultura de silagem nas regiões irrigadas das Grandes Planícies centrais (Schmidt e Colville, 1963).

2.3 Desempenho do sistema de irrigação: poupança de água e eficiência da utilização da água de irrigação e vantagem de rendimento

Embora o método de irrigação por gotejamento molhe lentamente e parcialmente o solo perto da zona da raiz da planta, mas é praticamente difícil aplicar a mesma quantidade de água para todas as plantas dentro de uma unidade de campo. Portanto, na maioria dos casos, mesmo um sistema bem projetado dá pouca uniformidade, como consequência, os rendimentos são pretensiosos (Bhatnagar e Srivastava, 2003). Uma vez que é assegurada uma aplicação frequente perto das plantas (Youngs *et al.*, 1999), o transporte e outras perdas convencionais, como a percolação profunda, o escoamento superficial e a evaporação da água do solo, são mínimos, uma vez que a água é transportada através de uma rede de tubos. Mas, devido a variações de fabrico, diferenças de pressão, entupimento do emissor, envelhecimento, perdas de carga por fricção, alterações de temperatura da água de rega e sensibilidade do emissor, resultam em variações de caudal mesmo entre dois emissores idênticos (Mizyed e Kruse, 2008). O Coeficiente de Uniformidade (CU) e a Uniformidade de Distribuição (DU) diminuem substancialmente em declives de sub-base superiores a 30% (Ella *et al.*, 2009). Pitts *et al.* (1996), referindo-se à avaliação de 174 sistemas de micro-irrigação nos EUA, encontraram uma UD média de 70%, com 75% dos casos com UD inferior a 80%. A uniformidade da micro-irrigação afecta a capacidade de poupança de água dos sistemas e, principalmente, o rendimento das culturas. A revisão de Bralts *et al.* (1987) sublinhou a utilidade da uniformidade do projeto.

Sivanappan e Chandrasekaran (1976) sugeriram que a irrigação por gotejamento era adequada para culturas em linha e todos os tipos de solos, mesmo em terrenos altamente inclinados. Enquanto Sammis (1980) conduziu um estudo para comparar a resposta da cultura sob os métodos de irrigação por gotejamento e por sulco. Ele relatou que o rendimento sob irrigação por gotejamento foi mais do que o dobro em comparação com o rendimento por métodos de sulco. Da mesma forma, Bogle *et al.* (1989) efectuaram uma investigação sobre a cultura do tomate. Descobriram que a rega gota-a-gota necessitava de menos 45% de água e produzia um rendimento 22% superior ao da rega por sulcos. Yaseen *et al.* (1992), relataram que a produtividade e a eficiência do uso da água nas culturas hortícolas de verão e inverno foram significativamente maiores com o método de irrigação por gotejamento do que com o método de irrigação por sulco. Também Nisar *et al.* (1995), conduziu uma experiência com manga. Eles descobriram que 49% da água foi economizada na irrigação por gotejamento em comparação com a irrigação por sulco; além disso, a eficiência do uso da água foi maior com a irrigação por gotejamento.

No método de irrigação por gotejamento, apenas 25% a 30% da superfície total foi molhada, enquanto cerca de 70% a 75% permaneceu seca, em comparação com qualquer outro método de inundação convencional. Com base no padrão medido da superfície molhada, mais de 70% a 75% da água pode ser poupada através deste método, em comparação com a inundação tradicional. Num estudo previamente conduzido por Mirjat *et al.* (1999) a rega gota-a-gota poupou mais de 63% de água em comparação com a rega por sulcos. Memon *et al.* (1996) também observaram uma poupança de água de cerca de 49% num pomar de mangas irrigado por gotejamento, em comparação com os métodos tradicionais de irrigação por bacia.

A disponibilidade de água é um dos factores mais importantes que determinam a produtividade nos sistemas de cultivo de leguminosas/cereais. Os agricultores das regiões semi-tropicais em condições de sequeiro praticam geralmente culturas mistas. De acordo com Ofori e Stern (1987), os cereais e as leguminosas utilizam a água de forma igual e a competição pela água pode não ser importante para determinar a eficiência das culturas intercalares, exceto em condições desfavoráveis. A utilização da água pelas culturas intercalares tem sido estudada principalmente em termos de eficiência da utilização da água (WUE). Uma cultura intercalar de duas espécies de culturas, tais como leguminosas e cereais, pode utilizar a água de forma mais eficiente do que uma monocultura de qualquer uma das espécies através da exploração de um maior volume total de água no solo, especialmente se as culturas componentes tiverem diferentes padrões de enraizamento (Willey, 1979). Hulugalle e Lal (1986) referiram que a UDE numa cultura intercalar de milho e feijão-frade era mais elevada do que nas culturas monoculturais quando a água do solo não era limitante. No entanto, em condições de limitação de água, a UDE na cultura intercalar em comparação com o milho em monocultura pode ser mais elevada, resultando num crescimento retardado e numa produção reduzida.

Camp (1998), na sua revisão exaustiva sobre gotejamento de subsuperfície (SSD), relatou que a resposta de rendimento para mais de 30 culturas indicou que o rendimento da cultura para SSD foi maior ou igual ao de outros métodos de irrigação, incluindo gotejamento de superfície (SD), e exigiu menos água na maioria dos casos. Ele relatou que a produtividade do milho não foi diferente para os sistemas SSD e de aspersão, mas o SSD exigiu 30% menos água num estudo na Virgínia. Ele acrescentou que, em geral, as produtividades do SSD e do SD eram semelhantes para o milho.

Estudos anteriores mostraram que a IWUE para sistemas SSD variou de 2,83 a 22,7 kgm^{-3}, enquanto que para sistemas SD variou de 2,35 a 12,7 $kgm^{(-3)}$) e para sistemas de aspersão variou de 0,44 a 6,59 kgm^{-3} em comparação com sistemas de irrigação por sulco que variaram de 0,86 a 5,6 kgm^{-3} para a produção de milho (Sammis, 1980; Bogle *et al.*, 1989). Os valores médios de IWUE variaram entre 10,9 e 14,3 $kg\ ha^{-1}\ mm^{-1}$, tal como constatado por Onder *et al.* (2009) nos seus trabalhos com o algodão. Resultados semelhantes também foram encontrados por Yavuz (1993), Yazar *et al.* (2002) e Ibragimov *et al.* (2007). A Eficiência do Uso da Água (3.93 kg/m^3) da irrigação por fita e a WUE (1.2 kg/m3) para a irrigação por sulco na Batata foram encontradas por Ghasemi-Sahebi *et al.* (2012). Eles relataram que a irrigação por gotejamento causou um aumento de 66% da UET em comparação com a irrigação por sulco. Karimi e Gomrokchi (2011) encontraram IUE entre 0.82 -1.93 kg m^{-3} em milho irrigado por gotejamento. Os valores de IWUE obtidos variaram de 2,37 a 4,68 kg m^{-3} em milho por Bozkurt *et al.* (2011).

Os pormenores dos métodos experimentais adoptados e os materiais utilizados durante a experimentação foram descritos neste capítulo.

3.1 Descrição do sítio experimental

3.1.1 Localização geográfica

De março de 2013 a julho de 2014, foram realizadas experiências de campo nos campos dos agricultores em três locais que representam várias zonas agro-ecológicas da GRB no Nepal: Aldeia de Baireni, no distrito de Dhading (terras altas); Tindobate, no distrito de Syangja (terras médias); e Jayanagar, no distrito de Kapilvastu (terras baixas). A zona GRB cobre 31 100 km² no Nepal. Os locais de campo de Dhading, Syangja e Kapilvastu tinham altitudes de 583, 780 e 126 m, respetivamente.

Os solos do Nepal são muito variáveis e provêm principalmente de material de origem jovem (Manandhar, 1989). Os solos do Nepal foram classificados com base na textura do solo, no modo de transporte e na cor, e dividem-se genericamente em tipos aluviais, arenosos, cascalhentos, residuais e glaciares. Os solos aluviais encontram-se nos vales da região do Terai e nos vales médios das colinas em redor de Katmandu e Pokhara. O tipo de solo era maioritariamente aluvial arenoso e siltoso em todos os locais do campo.

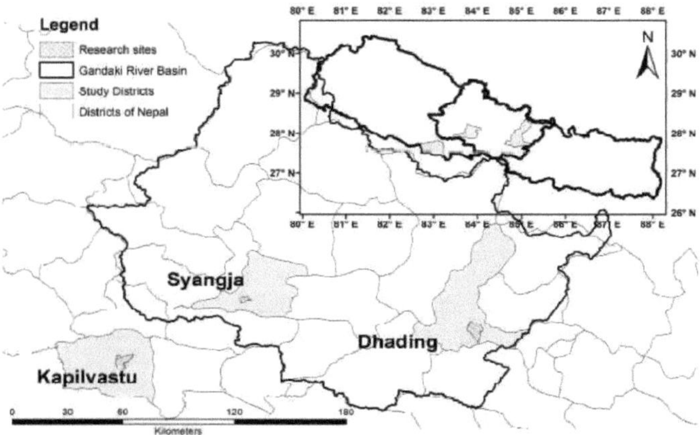

Figura 1. Bacia do rio Gandaki, Nepal, mostrando a localização dos sítios de campo.

3.1.2 Condições meteorológicas

A precipitação e as temperaturas máxima e mínima do ar foram medidas utilizando estações meteorológicas automáticas instaladas em cada local de 2013 a 2014 (Figuras 2-4). O período de março a maio é quente (especialmente no sítio de Kapilvastu, de menor altitude) e bastante seco, enquanto a monção de verão começa normalmente no início de junho.

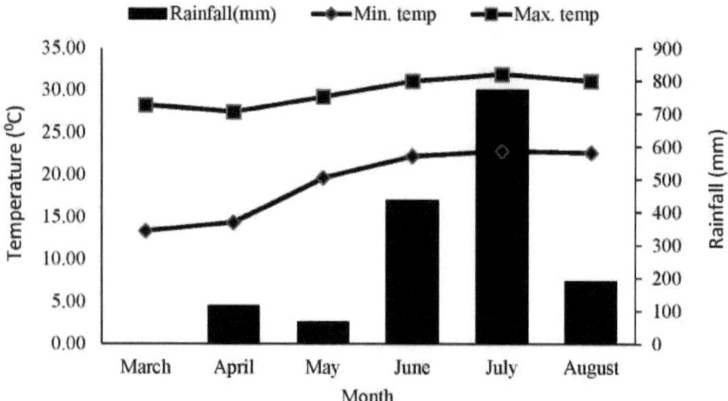

Figura 2. Precipitação mensal observada e temperaturas médias máxima e mínima durante as estações de crescimento de 2013-14 no local experimental em Syangja, Nepal.

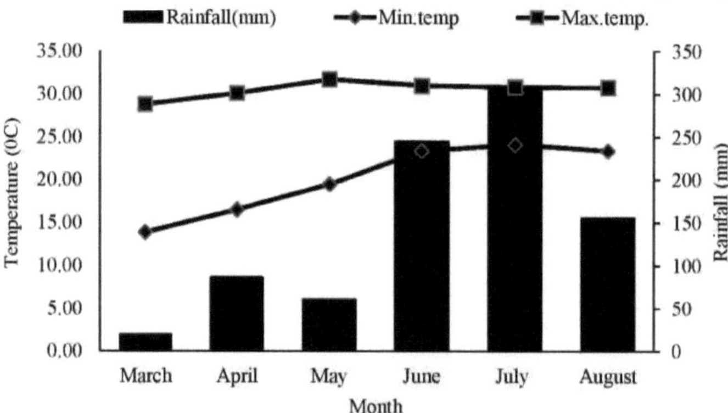

Figura 3. Precipitação mensal observada e temperaturas médias máxima e mínima durante as estações de crescimento de 2013-14 no local experimental em Dhading, Nepal.

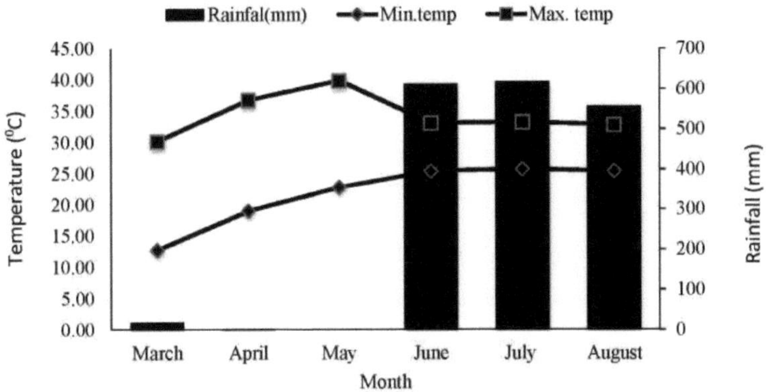

Figura 4. Precipitação mensal observada e temperaturas médias máxima e mínima durante as estações de crescimento de 2013-14 no local experimental em Kapilvastu, Nepal.

3.1.3 Propriedades físico-químicas iniciais do solo do sítio experimental

As propriedades do solo nos locais experimentais são apresentadas no Quadro 1.

Tabela 1. Propriedades físico-químicas iniciais do solo dos sítios experimentais durante 2013-14

Location	pH	O.M (%)	Total N (%)	P_2O_5 (Kg ha^1)	K_2O (Kg ha^{-1})	FC (%)	PWP (%)	Sand (%)	Silt (%)	Clay (%)	Text Ure	D_b (gmcm^{-3})
Kapilvastu	7.1	0.53	0.05	40.0	94.3	29	16	38.3	37.5	24.1	L	1.37
Syangja	7.9	0.77	0.06	42.5	176.5	24.6	12	42.5	38.0	19.4	L	1.41
Dhading	5.1	1.2	0.07	7.5	103.4	25	13.3	49.0	29.5	21.4	L	1.41

Nota: TC- Classe textural, L-Loam, O.M.- matéria orgânica, FC- capacidade de campo ePWP - Permanent Wilting Point

3.2 Detalhes experimentais

3.2.1 Conceção da investigação e disposição no terreno

A experiência foi organizada num esquema de parcelas divididas e com seis tratamentos totais em cada local. Cada tratamento foi repetido quatro vezes, resultando num total de 24 parcelas. Cada parcela individual media 3 m de comprimento e 2 m de largura. Havia um espaçamento de 0,5 m entre cada parcela e as parcelas principais estavam separadas por 1 m. Havia 6 filas em cada parcela, com espaçamento de 0,25 x 0,50 m^2. As duas fileiras mais exteriores de ambos os lados de cada parcela foram consideradas como fileiras de fronteira.

As duas espécies forrageiras nutritivas consideradas para cultivo com irrigação durante a estação seca foram o feijão-frade e o teosinte. O feijão-frade *(Vigna unguiculata)* é uma leguminosa forrageira adequada para as zonas abaixo dos 500 m de altitude. Pode ser cultivado como cultura pura ou em mistura com milho, teosinte ou híbrido napier-bajra. É bastante rica em proteínas (18%) e complementa o valor nutritivo das forragens não leguminosas. Sendo uma cultura leguminosa, fixa simbioticamente o azoto atmosférico e tem uma maior capacidade de ciclagem de nutrientes. A sua inclusão no sistema de cultivo pode minimizar a necessidade de fertilizantes azotados para as culturas seguintes. É uma cultura bem adaptada ao clima quente onde a precipitação é limitada. A cultura é cultivada em regiões semiáridas dos trópicos e subtrópicos.

O teosinte forrageiro *(Euchlaena mexicana)* assemelha-se muito à planta do milho e tem caraterísticas preferenciais como o perfilhamento profuso, o corte múltiplo, o rendimento elevado e a nutrição. É uma cultura alta e de crescimento vigoroso. É comparativamente menos nutritiva e palatável do que o milho, mas devido à sua capacidade de perfilhamento profuso, dá um rendimento forrageiro muito bom. O teosinte pode tolerar secas moderadas e inundações temporárias causadas por fortes aguaceiros de monção. Normalmente, não se aloja. A necessidade de água entre as duas culturas é muito reduzida, estando ambas bem adaptadas ao clima quente e à pluviosidade limitada e sendo normalmente cultivadas em regiões semiáridas das regiões tropicais e subtropicais.

Fator A: Irrigação

 i. Irrigação tradicional / Irrigação por sulcos (i_1)

 ii. Irrigação por gotejamento (i_2)

Fator B: Cultura

 i. Monocultura de feijão-frade (c_1)

 ii. Culturas intercalares de feijão-frade e teosinto (c_2)

 iii. Teosinte monocultura (i_3)

Tabela 2. Combinações de tratamentos e respectivos símbolos utilizados na experiência em três locais, Nepal, 2013

Treatments	Combinations	Symbols
T_1	Furrow irrigation + Cowpea	$I_1 C_1$
T_2	Furrow irrigation + Cowpea and Teosinte	$I_1 C_2$
T_3	Furrow irrigation + Teosinte	$I_1 C_3$
T_4	Drip irrigation + Cowpea	$I_2 C_1$
T_5	Drip irrigation + Cowpea and Teosinte	$I_2 C_2$
T_6	Drip irrigation + Teosinte	$I_2 C_3$

3.2.2 Calendário de rega e sua gestão

O layout da fita de gotejamento foi feito da mesma forma que o espaçamento entre plantas, ou seja, 6 linhas de gotejamento em cada parcela. Dois tanques separados foram usados; um foi usado para irrigação por gotejamento e outro para irrigação por sulco. Eles foram mantidos em uma elevação maior do que o campo. A água usada no tanque foi quantificada usando um tubo de escala ao lado do tanque. A água foi aplicada a uma taxa de 80 L por dia (4 L por minuto durante 20 min) nas parcelas de tratamento por gotejamento, enquanto que, com base na prática local prevalecente, as parcelas de tratamento por sulco foram inundadas com 200 L por dia. As parcelas não foram regadas em dias de chuva ou noutros dias em que havia humidade suficiente. As estratégias de programação de irrigação implementadas foram destinadas a evitar a aplicação excessiva de água, minimizando a perda de rendimento devido à falta de água ou stress de seca.

3.2.3 Gestão do estrume e dos nutrientes

Adubos químicos para fornecer N, P e K a 60:40:40 kg ha^{-1} para o feijão nhemba e 120:60:40 kg ha^{-1} para o Teosinte foram aplicados em todos os locais para evitar as suas limitações para o crescimento normal e rendimento. Ureia, superfosfato simples (SSP) e Muriato de Potássio (MOP) foram usados como fontes de fertilizantes para fornecer N, P e K, respetivamente.

3.2 Gestão agronómica

3.2.1 Semeadura

Foi utilizada a variedade Florida de teosinte, enquanto a variedade local de feijão-frade foi utilizada na experiência.

Kapilvastu: 27 de março de 2013

Dhading: 25 de março de 2013

Syangja: 26 de março de 2013 (a sementeira foi destruída por tempestades de granizo)

8 de abril de 2013 (nova sementeira)

Taxa de sementeira: Teosinte 45 kg ha^{-1}

Feijão-frade 30 kg ha^{-1}

3.2.2 Colheita

Para determinar o peso verde (fresco) da biomassa (acima do solo), a forragem verde de 1m^2 de cada parcela foi cortada e pesada imediatamente no local. Amostras de quinhentos gramas da biomassa fresca foram depois secas durante 24 horas a 70 °C numa estufa e pesadas para determinar o peso seco. Foi calculada a média de dois cortes de biomassa de cada parcela.

3.3 Amostragem e preparação do solo

Antes da sementeira, foram colhidas cinco amostras de solo a 15-20 cm de profundidade em cada local, utilizando um amostrador de núcleos, que foram combinadas para formar uma amostra composta do local. Estas amostras foram secas ao ar, à sombra, durante três dias e misturadas cuidadosamente, tendo sido removidos quaisquer detritos. As caraterísticas físicas e químicas do solo medidas incluíam a textura do solo, o pH, a matéria orgânica total, o azoto total (N), o fósforo disponível (P$_2$O$_5$), a potassa extraível (K2O), a capacidade de campo (CF), o ponto de murcha permanente (PWP) e a densidade aparente (BD). Para a análise da matéria orgânica, as amostras de solo foram passadas através de uma peneira de 0,5 mm, e 500 g de amostra foram mantidos numa garrafa de plástico para análise posterior.

3.5 Métodos de análise laboratorial

Quadro 3. Métodos de análise laboratorial das amostras de solo e de plantas da experiência

Parameters	Analytical method used
Soil texture	Hydrometer method
Bulk density	Core ring method
Soil pH	Beckman electrode pH meter
Soil organic matter	Walkley and Black titration method
Soil total nitrogen	Kjeldhal distillation
Available soilphosphorus	Modified Olsen's
Soil exchangeable potassium	Ammonium acetate extraction method
Plant total nitrogen content	Kjeldahl distillation
Plant phosphorus content	Vandomolybdo-Phosphoric yellow color method
Plant potassium content	Flame photometer

3.6 Parâmetro de rendimento das culturas

3.6.1 Altura da planta (cm)

A altura das plantas foi medida a partir do nível do solo até à parte mais alta da planta de dez plantas selecionadas aleatoriamente de cada parcela em cada corte, excluindo as plantas de bordadura. A altura da planta foi medida com a ajuda de uma fita métrica desde o nível do solo até à ponta mais alta da folha esticada na maturidade.

3.6.2 Motocultivadores eficazes

Todos os perfilhos foram contados a partir de uma área de $1m^2$ e relatados como perfilho efetivo por m^2 para o teosinte.

3.6.3 Número de folhas

O número de folhas por planta de cinco plantas amostradas foi determinado a partir das cinco plantas marcadas de cada parcela e o valor médio foi registado.

3.6.4 Processamento de amostras de forragem

As amostras de forragem (500 g) foram colhidas imediatamente após a pesagem do peso fresco total para evitar a perda de humidade. As amostras foram secas em estufa a 700 C durante 72 horas até atingirem um peso constante. O peso seco final das amostras na estufa foi registado e expresso em Mg ha-1.

3.4 Parâmetros de irrigação

3.4.1 Capacidade de campo e ponto de murcha permanente

Uma técnica de campo para encontrar a capacidade de campo envolveu a irrigação de uma parcela de teste até que o perfil do solo estivesse saturado a uma profundidade de cerca de um metro. Em seguida, a parcela era coberta para evitar a evaporação. A humidade do solo era medida em cada intervalo de 24 horas até que as alterações fossem muito pequenas, altura em que o teor de humidade do solo era a estimativa da capacidade de campo (Veihmeyer e Hendrickson, 1949).

O ponto de murchamento foi determinado de acordo com a metodologia descrita por Furr e Reeve (1945). As plantas foram cultivadas em recipientes com solo uniforme, selados para limitar a perda de água, exceto por transpiração. Foram mantidas adequadamente regadas até ao aparecimento do terceiro par de folhas, altura em que a rega foi interrompida. As plantas permaneceram num ambiente com baixa demanda evaporativa até que os três conjuntos de folhas murchassem. Para garantir que a murchidão era permanente, as plantas foram colocadas durante a noite numa câmara húmida e escura. Se todas as folhas permanecerem murchas pela manhã, a PWP foi atingida e o conteúdo de água no solo ou o potencial hídrico foi determinado.

3.4.2 Avaliação hidráulica

O Coeficiente de Uniformidade (CU) descreve a uniformidade com que um sistema de rega distribui a água num campo. A avaliação hidráulica do sistema de gotejamento foi baseada num método definido pela ASAE (1999). Foram selecionados três emissores numa lateral, na cabeça, no meio e na extremidade da cauda, e as descargas foram medidas neles. Foi fixado um tempo de recolha de 10 minutos. O volume recolhido num determinado tempo foi então medido utilizando um cilindro graduado. Um dos métodos mais utilizados é o coeficiente de uniformidade de Christiansen (Mosh, 2006):

$$CU = 100 - (80 \times SD/ Vavg)$$

Onde,
CU=Coeficiente de uniformidade (%),
Sd=desvio-padrão das observações, $_{Vavg}$ = volume médio recolhido.

A uniformidade de distribuição (DU) mede a consistência da aplicação de água num campo durante a rega, expressa em percentagem. Uma uniformidade de distribuição (DU) inferior a 70% é considerada má. Em suma, uma má UD significa que é aplicada demasiada água, o que implica despesas desnecessárias, ou que é aplicada muito pouca água, o que causa stress às culturas. A DU foi calculada utilizando a seguinte relação (Mosh, 2006):

$$DU = 100\ (V_{LQ}/V_{avg})$$

Onde,
    DU = Uniformidade de distribuição (%),
    V_{lq}= Volume médio recolhido no trimestre inferior V_{avg} = Volume médio recolhido.

A eficiência da aplicação da irrigação (Ea) foi avaliada utilizando a metodologia descrita por Anyoji e Wu (1994) e posteriormente seguida por Soccol *et al.* (2002) utilizando as seguintes equações:

$$Ea = (Vs/Vd)\ 100$$

Onde,
    Vs = volume de água armazenado na zona radicular após a irrigação, Vd = volume de água fornecido à subunidade,

3.7.3 Poupança de água (%)
A economia de água no sistema de irrigação por gotejamento sobre o sistema de irrigação por sulco foi calculada da seguinte forma

$$WS(\%) = \frac{(Wa - Wb)}{Wa} \times 100$$

Onde,
    WS = Poupança de água (%)
    Wa = Água total utilizada no sistema de irrigação por sulcos ($m^3\ ha^{-1}$)
    Wb = Total de água utilizada no sistema de irrigação por gotejamento ($m^3\ ha^{-1}$)

3.7.4 Rendimento da cultura

A produtividade foi medida em kg ha⁻¹ para cada parcela irrigada por gotejamento e por sulco. O aumento da produtividade (%) será calculado da seguinte forma

$$\text{Increase in yield (\%)} = \frac{(Y1-Y2)}{Y1} \times 100$$

Onde,

Y1 = Produtividade total obtida com o sistema de irrigação por gotejamento (kg ha⁻¹)

Y2 = Rendimento total obtido com o sistema de irrigação por sulcos (kg ha⁻¹)

3.7.5 Eficiência na utilização da água

A eficiência do uso da água é o rendimento da cultura por unidade de água aplicada. Quanto mais água for aplicada a uma cultura, menor será a eficiência da utilização da água, porque alguma água se perde através do escoamento ou da percolação profunda no solo. Os tipos de métodos de irrigação utilizados e a sua gestão e sistema influenciam grandemente a eficiência do uso da água. A eficiência do uso da água (WUE) dos sistemas de irrigação por gotejamento e por sulco foi calculada usando a seguinte fórmula;

$$WUE = Y/ WR$$

Onde,

WUE = Eficiência do uso da água (Kg m⁻³)

Y = Rendimento da cultura (Kg ha⁻¹)

WR = Total de água consumida para a produção vegetal (m³ ha⁻¹)

3.8 Análise estatística

Os dados registados foram submetidos a uma análise de variância e ao teste de intervalos múltiplos de Duncan (DMRT) para separações de médias (Gomez e Gomez, 1984). Os programas de computador MSTAT-C Microsoft Word foram utilizados para efetuar a análise estatística. A ANOVA foi utilizada para comparar múltiplos factores e condições de campo, e indicar se a diferença entre as médias de múltiplas amostras em cada fator (localização, método de irrigação, cultura) era significativa ao nível de

5%.

Quadro 4. Quadro da análise de variância combinada (ANOVA) para o projeto de parcelas divididas

Source of variation	df	SS	MSS	Computed F	F-Tabulated	
					$F_{Tab5\%}$	$F_{Tab1\%}$
Location (l)	$l-1=2$					
R (l)	$l(r-1)=9$					
Irrigation (I)	$i-1=1$					
LI	$(l-1)(i-1)=2$					
Error	$l(r-1)(i-1)=9$					
Crop (C)	$c-1=2$					
LC	$(l-1)(c-1)=4$					
IC	$(i-1)(c-1)=2$					
LIC	$(l-1)(i-1)(c-1)=4$					
Total	$li(r-1)(c-1)=36$					

4 RESULTADOS E DISCUSSÃO

Esta secção trata dos resultados e das respectivas explicações obtidos durante a investigação. Os resultados são apresentados com a ajuda de quadros e figuras adequados e ilustrados com explicações.

4.1 Propriedades do solo

4.1.1 pH do solo

Registou-se uma variação significativa do pH do solo de local para local na colheita *(p<0,001;* Quadro 5). O pH do solo mais elevado (7,17) foi observado em Syangja, seguido de Kapilvastu (6,99). O pH do solo mais baixo (5,72) foi registado em Dhading. Esta diferença no pH do solo deve-se provavelmente à variação do estado de fertilidade nativa do solo entre locais.

Os efeitos dos métodos de irrigação no pH do solo não foram significativos *(p>0,05;* Tabela 5). Isto é provavelmente devido à natureza de amortecimento inerente aos solos. No entanto, no caso de nutrientes fertirrigados por gotejamento Balkcom *et al.* (2009) descobriram que o pH nos 20cm superiores da superfície do solo foi menor em comparação com as parcelas fertilizadas convencionalmente.

Os efeitos dos sistemas de cultivo no pH do solo não foram significativos *(p>0,05;* Tabela 5). As parcelas intercaladas apresentaram o pH mais elevado (6,65), enquanto as parcelas monocultivadas de feijão-frade registaram o pH mais baixo (6,60).

4.1.2 Densidade aparente

A densidade aparente é um parâmetro físico do solo amplamente utilizado para quantificar a compactação e a porosidade do solo. Os efeitos dos métodos de irrigação não foram significativos na densidade aparente do solo aquando da colheita em relação à condição inicial *(p>0,05;* Quadro 5). Da mesma forma, a densidade aparente dos diferentes sistemas de cultivo não foi alterada em relação à densidade aparente inicial *(p>0,05).* Estes resultados foram explicados por Martinez *et al.* (2008), que concluíram que os solos necessitavam de mais tempo para mostrar os seus efeitos com determinada gestão.

4.1.3 Matéria orgânica

Registou-se uma variação significativa na matéria orgânica do solo de local para local (*p<0,001*; Quadro 5). A matéria orgânica do solo mais elevada (1,72%) foi observada em Dhading, seguida de Syangja (1,18%) e Kapilvastu (1,07%). Esta diferença na MOS deve-se provavelmente à quantidade diferencial de matéria orgânica presente inicialmente nos locais, causada principalmente pela variação nas práticas de gestão dos campos e das culturas efectuadas pelos agricultores nestes locais.

Tabela 5. Efeitos dos métodos de irrigação e dos sistemas de cultivo nas propriedades do solo aquando da colheita nos locais experimentais, Nepal, 2013-14

Treatments	Soil Organic matter (%)	Soil pH	Soil bulk density (gm cm^{-3})
Locations			
Kapilvastu	1.07^b	6.99^b	1.40
Syangja	1.18^b	7.17^a	1.41
Dhading	1.72^a	5.72^c	1.35
LSD	0.14**	0.08**	Ns
SEm±	0.04	0.02	0.03
Irrigation methods			
Furrow	1.41^a	6.61	1.37
Drip	1.22^b	6.65	1.41
LSD	0.12**	Ns	Ns
SEm±	0.04	0.02	0.02
Cropping system			
Cowpea	1.29	6.60	1.38
Cowpea /Teosinte	1.30	6.65	1.38
Teosinte	1.36	6.64	1.40
LSD	Ns	Ns	Ns
SEm±	0.05	0.02	0.03
CV%	20.73%	1.76%	12.47%
Grand mean	1.32	6.63	1.39

As médias na mesma coluna seguidas da mesma letra (a, b, c, d ou cd) não são significativamente diferentes *(p* > 0,05). NS: Não significativo. *: culturas específicas do local. **:Significativo *atp* < 0,01.

Os efeitos dos métodos de irrigação na Matéria Orgânica do Solo foram altamente significativos *(p<0,001;* Tabela 5). As parcelas irrigadas por gotejamento mostraram menor SOM (1,22%) do que as parcelas irrigadas por sulco (1,41%). Acredita-se geralmente que o arejamento e a humidade ideais no solo aumentam a oxidação da matéria orgânica no solo e a rápida decomposição dos resíduos das culturas (Reocosky *et al.,* 1995), o que resulta na perda de matéria orgânica através da evolução do CO_2. Os efeitos dos sistemas de cultivo na matéria orgânica do solo não foram significativos (Quadro 5).

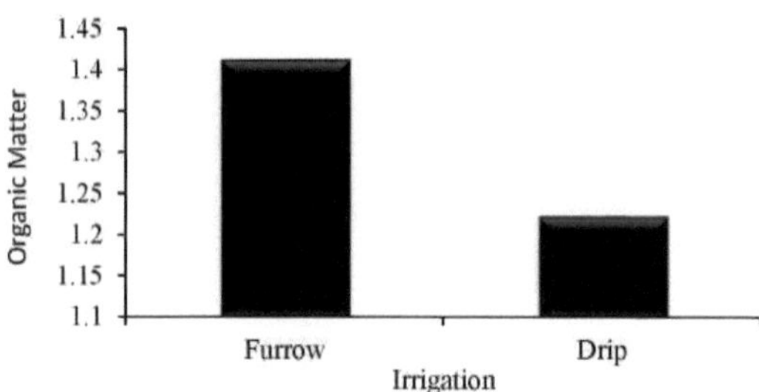

Figura 5. Efeitos dos métodos de irrigação na matéria orgânica do solo nos locais experimentais, Nepal, 2013-14

4.2 Parâmetros da planta
4.2.1 Altura da planta de feijão-frade
Registou-se uma variação significativa na altura das plantas de local para local na colheita *(p<0,001;* Quadro 6). A maior altura de planta (66,96 cm) foi observada em Dhading, seguida por Syangja e Kapilvastu. Isto deve-se provavelmente ao maior teor de matéria orgânica (1,72%) em Dhading em comparação com outros locais.

Não houve efeito significativo do método de irrigação ou do padrão de plantio na altura do feijão-caupi *(p>0,05).* Resultados semelhantes foram também obtidos por Ibrahim (2011).

4.2.2 Altura da planta Teosinte
Registou-se uma variação significativa na altura das plantas de local para local na colheita *(p<0,001;* Quadro 6). A maior altura de planta (235,61 cm) foi observada em Syangja, seguida de Dhading (190,62 cm) e Kapilvastu (124,85 cm). Este facto deve-se provavelmente às condições mais favoráveis para o teosinte em Syangja. O aumento

da altura da planta pode ser descrito como devido a um regime de humidade uniforme, a uma melhor biossíntese e a uma óptima absorção de nutrientes do solo pela planta. A altura inferior à média do teosinte de Kapilvastu pode dever-se ao mau estado dos nutrientes nativos do local.

Não houve um efeito significativo do método de irrigação ou do padrão de plantio na altura do teosinte *(p>0,05)*.

4.2.3 Número da cana do leme Teosinte

O número de perfilhos não foi afetado em todos os locais *(p>0.05;* Quadro 7). Um número semelhante de perfilhos foi registado em Dhading e Syangja e o número mais baixo de perfilhos foi registado em Kapilvastu.

Tabela 6. Efeitos dos métodos de irrigação e dos sistemas de cultivo na altura das plantas nos locais experimentais, Nepal, 2013-14

Treatments	Plant Height (cm)	
	Cowpea	Teosinte
Locations		
Kapilvastu	52.97^b	124.85^c
Syangja	51.73^b	235.91^a
Dhading	66.96^a	190.62^b
LSD	5.53**	13.55**
SEm±	1.73	4.23
Irrigation methods		
Furrow	57.00	183.13
Drip	57.44	184.45
LSD	Ns	Ns
SEm±	1.41	3.45
Cropping system		
Monocrop	58.14	187.13
Intercrop	56.30	180.45
LSD	Ns	Ns
SEm±	1.20	3.49
CV%	10.32%	9.33%
Grand mean	57.22	183.79

As médias na mesma coluna seguidas da mesma letra (a, b, c, d ou cd) não são significativamente diferentes (*p* > 0,05). NS: Não significativo. *: culturas específicas do local. **:Significativo *atp* < 0,01.

O perfilhamento no teosinte não foi significativamente afetado pelos métodos de irrigação (*p>0.05;* Quadro 7). Embora houvesse relatórios sugerindo que a irrigação adequada em tempo hábil produzisse perfilhamento abundante, eles permaneceram vagos, pois muito poucos trabalhos sobre esse aspeto foram feitos até hoje.

Da mesma forma, o monocultivo e o consórcio não produziram perfilhamento significativo nas plantas *(p>0,05)*.

Tabela 7. Efeitos dos métodos de irrigação e dos sistemas de cultivo no número de folhas e de perfilhos nos locais experimentais, Nepal, 2013-14

Treatments	Tiller number	Number of trifoliates
Locations		
Kapilvastu	7.29	33.71
Syangja	7.60	37.75
Dhading	7.61	32.00
LSD	Ns	Ns
SEm±	0.58	2.34
Irrigation methods		
Furrow	7.05	35.45
Drip	7.95	33.52
LSD	Ns	Ns
SEm±	0.48	1.91
Cropping system		
Monocrop	7.63	34.93
Intercrop	7.36	34.04
LSD	Ns	Ns
SEm±	0.36	1.57
CV%	23.75%	22.41
Grand mean	7.50	34.5

As médias na mesma coluna seguidas da mesma letra (a, b, c, d ou cd) não são significativamente diferentes ($p > 0.05$). NS: Não significativo. *: culturas específicas do local. **:Significativo $atp < 0.01$.

4.2.4 Número de folhas de feijão-frade

O número de folhas trifoliadas não foi significativo em nenhum local *(p>0,05;* Quadro 7). O número mais elevado de folhas trifoliadas (37,75) foi observado em Syangja e também foram registados números semelhantes de folhas trifoliadas em Dhading e Syangja.

Nem o método de rega nem o sistema de cultivo produziram efeitos significativos no número de folhas trifoliadas do feijão-frade *(p>0,05)*.

4.3.1 Produção de matéria seca

A produção acumulada de matéria seca de forragem foi significativamente diferente de local para local *(p<0,001;* Quadro 11). O maior rendimento foi observado em Syangja (6942 kg-ha⁻¹), seguido de Dhading (5651 kg-ha⁻¹) e Kapilvastu (3009 kg-ha⁻¹). Visualmente, os perfilhos mais altos e mais profusos também foram observados em Syangja. Esta diferença é provavelmente devida a diferenças no clima e no estado de fertilidade nativa do solo entre os locais. Os rendimentos relativos foram afectados pelas espécies de culturas: Kapilvastu teve o maior rendimento para o feijão-frade, mas o menor rendimento para o teosinte (Quadro 8).

Tabela 8. Interação da localização e das espécies de culturas para a produção de biomassa nos locais experimentais, Nepal, 2013-14

Interaction	Total Nitrogen (%)	Available P_2O_5 (kgha⁻¹)	Exchangeable K_2O (kg ha⁻¹)	DM Production (kg ha⁻¹)
Kapilvastu*Cowpea	0.068	93.179	89.519	2410 [cd]
Kapilvastu*Cowpea/Teosinte	0.074	87.794	91.509	2844 [cd]
Kapilvastu*Teosinte	0.068	86.604	90.845	3773 [c]
Syangja*Cowpea	0.074	103.864	176.651	2249 [cd]
Syangja*Cowpea/Teosinte	0.073	95.223	176.524	9142 [a]
Syangja*Teosinte	0.073	94.806	174.984	9435 [a]
Dhading*Cowpea	0.088	17.407	114.729	1195 [d]
Dhading*Cowpea/Teosinte	0.084	15.156	112.179	6360 [b]
Dhading*Teosinte	0.095	16.105	113.299	9397 [a]
LSD	Ns	Ns	Ns	1831 **
SEm±	0.0028	0.325	1.180	638
CV%	10.28%	1.36%	2.63%	24.72%
Grand mean	0.07	67.79	126.93	5200

As médias na mesma coluna seguidas da mesma letra (a, b, c, d ou cd) não são significativamente diferentes (*p* > 0,05). NS: Não significativo. *: culturas específicas do local. **:Significativo *atp* < 0,01.

O efeito dos métodos de irrigação no rendimento da matéria seca não foi significativo *(p<0,05),* com cerca de 7% maior rendimento médio registado para a irrigação por gotejamento. Isto foi semelhante a estudos anteriores (Michael, 2008), onde o método de irrigação por gotejamento produziu rendimentos semelhantes ou superiores em comparação com os métodos de irrigação convencionais.

O efeito do sistema de cultivo na produção de matéria seca foi significativo $(p<0,001)$. O teosinte em monocultura produziu o maior peso seco, seguido pela mistura de teosinte e feijão-frade. O rendimento mais baixo observado aqui para o cultivo intercalar pode ser devido ao facto de o cultivo intercalar deprimir a capacidade de perfilhamento do teosinte (Quadro 8).

4.3.2. Rendimento da biomassa verde

O peso combinado da biomassa verde da forragem de teosinte e de feijão-frade foi mais elevado em Kapilvastu e mais baixo em Dhading $(p<0,05)$. Os pesos da biomassa verde do teosinte e do feijão-frade foram, no entanto, estatisticamente semelhantes $(p<0,05)$ para Syangja e Kapilvastu e para Kapilvastu e Dhading, respetivamente (Quadro 9).

Tabela 9. Acumulação de biomassa verde (kg-m ^{2}) de teosinte e feijão-frade nos locais experimentais, Nepal, 2013-14

Location	Green Biomass Production $(kg \cdot m^{-2})$	
	Teosinte	Cowpea
Kapilvastu	9.169[b]	5.098[a]
Syangja	8.449[ab]	4.591[ab]
Dhading	7.511[b]	4.099[h]

O tipo de irrigação influenciou o peso da biomassa verde tanto do teosinte quanto do feijão-caupi $(p<0,05)$. A irrigação por gotejamento produziu menor rendimento de forragem verde para ambas as espécies (Tabela 10), com rendimento total de cultura verde 13% maior para sulco do que irrigação por gotejamento.

Tabela 10. Efeito do tipo de irrigação na produção de biomassa verde (kg-m ^{2}) de teosinte e feijão-frade nos sítios experimentais, Nepal, 2013-14

Irrigation	Green Biomass Production $(kg \cdot m^{-2})$	
	Teosinte	Cowpea
Furrow	8.809a	4.978a
Drip	7.943b	4.213b

4.4   Nutrientes do solo

4.4.1   Efeitos dos métodos de irrigação e dos sistemas de cultivo no azoto do solo

Verificou-se uma variação significativa de local para local no azoto residual do solo *(p<0,001;*

Quadro 11). O azoto total do solo mais elevado foi observado em Dhading (0,080%), seguido de Syangja (0,073%) e Kapilvastu (0,070%). Esta diferença no azoto total do solo deve-se principalmente a variações nas práticas de campo e de gestão.

Os efeitos dos métodos de irrigação no nitrogénio total do solo foram altamente significativos *(p<0,001;* Tabela 11). As parcelas irrigadas por gotejamento registaram um Nitrogénio total do solo mais baixo (0,07 %) do que as parcelas irrigadas por sulco (0,08 %). Li *et al.* (2009) revelaram que a aplicação de água aumenta a disponibilidade de nutrientes, a transformação de nutrientes no solo ou fertilizantes. A mineralização do N orgânico é proporcional à água do solo e influencia o movimento mineral do N e a absorção pelas plantas (Song e Li, 2006). Os efeitos dos sistemas de cultivo no azoto total do solo não foram significativos *(p> 0,05;* Quadro 11).

Tabela 11. Efeitos dos métodos de irrigação e dos sistemas de cultivo nos nutrientes do solo nos sítios experimentais, Nepal, 2013-14

Treatments	Soil Nutrient content			
Locations	Total Nitrogen (%)	Available P_2O_5 (kgha^{-1})	Exchangeable K_2O (kgha^{-1})	DM Production (kg ha^{-1})
Kapilvastu	0.070[c]	89.19[b]	90.62[c]	3009 [c]
Syangja	0.073[b]	97.96[a]	176.05[a]	6942 [a]
Dhading	0.080[a]	16.22[c]	113.40[b]	5651 [b]
LSD	0.00065**	0.52**	1.07**	928 **
SEm±	0.0013	0.16	0.33	290
Irrigation Methods				
Furrow	0.08[a]	67.58	126.27	5041
Drip	0.07[b]	68.00	127.11	5360
LSD	0.00053**	Ns	Ns	NS
SEm±	0.0011	0.13	0.27	580
Cropping system				
Cowpea	0.07	71.48[a]	126.96	1951 [c]
Cowpea+ Teosinte	0.07	66.05[b]	126.73	6115 [b]
Teosinte	0.07	65.83[b]	126.37	7535 [a]
LSD	Ns	0.53**	Ns	1057 **
SEm±	0.0016	0.18	0.68	368
CV%	10.28%	1.36 %	2.63 %	24.72%
Grand mean	0.07	67.79	126.93	5200

As médias na mesma coluna seguidas da mesma letra (a, b, c, d ou cd) não são significativamente diferentes *(p > 0,05)*. NS: Não significativo. *: culturas específicas do local. **:Significativo *atp <* 0,01.

4.4.2 Efeitos dos métodos de irrigação e dos sistemas de cultivo no fósforo disponível no solo

Registou-se uma variação significativa de local para local no fósforo residual disponível no solo *(p<0,001;* Quadro 9). O fósforo disponível no solo significativamente mais elevado (97,96 kg ha-1) foi observado em Syangja, seguido de Kapilvastu (89,19 kg ha^{-1}). O fósforo disponível no solo mais baixo (16,22 kg ha^{-1}) foi registado em Dhading. Esta diferença no fósforo disponível no solo deveu-se principalmente ao estado inicial do fósforo no solo. O efeito dos métodos de irrigação no fósforo disponível no solo não foi significativo *(p> 0,05;* Quadro 9). Mas o sistema de cultivo mostrou um efeito significativo no fósforo disponível no solo *(p<0,001).* O valor mais elevado foi registado nas parcelas plantadas com feijão-frade (71,48 kg ha⁻¹). O fósforo disponível no solo das parcelas consorciadas foi semelhante ao das parcelas cultivadas com teosinto.

O fósforo é relativamente imóvel no solo. A difusão em massa é o principal processo que controla o seu movimento. A humidade do solo regula indiretamente a mobilidade do fósforo no solo (Yang et. al., 2011). O P extraível do solo é mais elevado na superfície do solo, onde o fertilizante P foi aplicado. O nível de P diminui da camada superior do solo para o nível do subsolo devido à absorção pelas plantas nas porções superiores do perfil do solo (Green et. al., 2003). Um estudo descobriu que o conteúdo de Olsen P ao longo da camada de 0-60cm sob irrigação por gotejamento ou subsuperfície foi menor do que sob irrigação por sulco (Cameira et. al., 2003). No entanto, o conteúdo total, orgânico e inorgânico de P de 20 a 60cm sob irrigação por gotejamento foram semelhantes ou superiores aos da irrigação por sulco, mas foram menores sob irrigação subsuperficial do que sob irrigação por sulco (Cameira et. ak., 2003). Dakora e Philips (2002) relataram que os exsudados das raízes das plantas leguminosas continham uma mistura complexa de aniões de ácidos orgânicos, iões inorgânicos (por exemplo, $HCO3^-$, OH^-, $H+$), moléculas gasosas (CO_2, H_2), enzimas sob condições de stress de baixo teor de nutrientes. Os ácidos orgânicos dos exsudados radiculares podem solubilizar fosfatos de Ca, Fe e Al indisponíveis no solo, o que pode ser a razão para um maior teor de fósforo disponível nas parcelas de feijão-frade.

4.4.3 Efeitos dos métodos de irrigação e dos sistemas de cultivo no potássio permutável do solo

Registou-se uma variação significativa de local para local no potássio residual permutável do solo *(p<0,001;* Quadro 9). O potássio permutável do solo mais elevado (176,05 kg ha⁻¹) foi observado em Syangja, seguido de Dhading (113,40 kg ha⁻¹). O potássio permutável do solo mais baixo (90,62 kg ha⁻¹) foi registado em Kapilvstu. Esta diferença no potássio permutável do solo deveu-se principalmente aos níveis iniciais de potássio do solo nos sítios.

A pesquisa sugere que a injeção de K através do gotejamento sub-superficial com a água pode transportar este nutriente para a superfície do solo, bem como mais profundo no perfil (Balkcom et.al., 2009). Nestas condições, K adequado estava disponível para a planta, independentemente do método de aplicação (material seco transmitido por cima ou dissolvido em água e injetado através de gotejamento sub-superficial). Por outro lado, outro estudo encontrou um risco potencial de lixiviação para o K aplicado sob irrigação por sulco, em comparação com a irrigação por gotejamento (Hebbar et. al., 2004).

4.5 Parâmetros de irrigação

4.5.1 Água de irrigação utilizada

Na rega por sulcos, a água corre em pequenos canais paralelos (sulcos) entre as culturas que são normalmente plantadas em cumes entre os sulcos. Embora a rega por sulcos proporcione uma IE razoável, o desempenho global deste sistema é influenciado por vários factores, incluindo o declive do terreno, o comprimento da rega, o tipo de solo, as taxas de infiltração da água, a duração e a taxa de aplicação, bem como as perdas por evaporação e drenagem.

Os sistemas de rega gota-a-gota são frequentemente utilizados em ambientes áridos ou semi-áridos para melhorar a UDE, e são ferramentas de produção valiosas em áreas onde a água é limitada. Este método de irrigação tem várias vantagens sobre os sistemas de sulco, incluindo a redução do uso de água, a capacidade de aplicar fertilizantes através do sistema de gotejamento, distribuição de água mais precisa, e redução de doenças transmitidas pelo solo e crescimento de ervas daninhas, uma vez que o meio da linha permanece mais seco do que com a irrigação por sulco (Locasciio, 2005). O aumento da eficiência da água nos sistemas de irrigação por gotejamento está geralmente relacionado com a redução da percolação do solo e evaporação da superfície em comparação com outros sistemas de irrigação.

O volume total de água aplicado à cultura sob o sistema de irrigação por sulcos foi de 10,21 $m3$ de Kapilvastu. Foi ainda calculado como 1418,75 $m3$ ha^{-1}. De Syangja foi de 14,2 $m3$; que foi calculado em 1972,22 $m3$ ha^{-1}. Mais uma vez, foram 15,62 $m3$ de

Dhading, que foram calculados em 2169,44 m3 ha⁻¹. Da mesma forma, o volume total de água aplicada à cultura sob o sistema de irrigação por gotejamento foi de 3,98 m3. Foi calculado como 553.33 m3 ha⁻¹. De Syangja foi de 2.84 m3; que foi calculado em 394.44 m3 ha⁻¹. Mais uma vez, foi de 3,90 m3 em Dhading, que se calculou em 542,36 m3 ha⁻¹ (Figura 6). Estes resultados indicam que o volume total de água utilizado no sistema de irrigação por gotejamento foi muito menor em comparação com o sistema de irrigação por sulco. Como as produtividades foram semelhantes, estes resultados demonstram que a WUE (kg/m^3) é melhorada na irrigação por gotejamento em comparação com a irrigação por sulco por um fator de 3, como quantificado nas subseções seguintes.

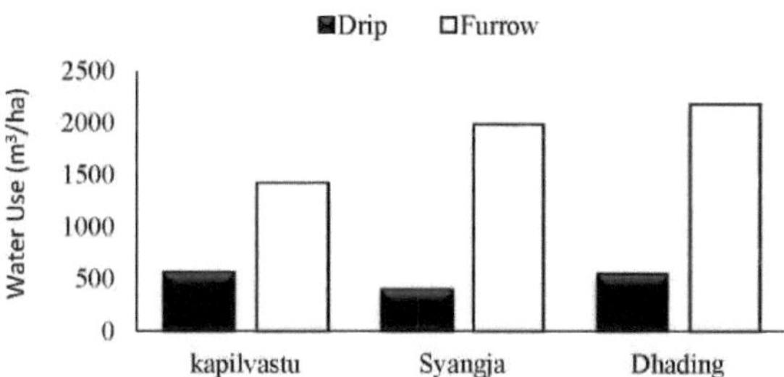

Figura 6. Utilização da água nos locais experimentais, Nepal, estações de crescimento de 2013-14.

4.5.2 Rendimento combinado de matéria seca de forragem

A produção de forragem foi significativamente influenciada pelo sistema de irrigação (Figura 7). O rendimento total da matéria seca da cultura sob o sistema de irrigação por gotejamento foi de 2447 kg ha⁻¹, 5411 kg ha⁻¹ e 4202 kg ha⁻¹ de Kapilvastu, Syangja e Dhading, respetivamente. Do mesmo modo, a produção total de matéria seca da cultura no sistema de irrigação por sulcos foi de 2066 kg ha⁻¹, 5003 kg ha⁻¹ e 4274 kg ha⁻¹ em Kapilvastu, Syangja e Dhading, respetivamente. Assim, a produção total de matéria seca sob o sistema de irrigação por gotejamento foi maior em comparação com o sistema de irrigação por sulco em dois dos três locais.

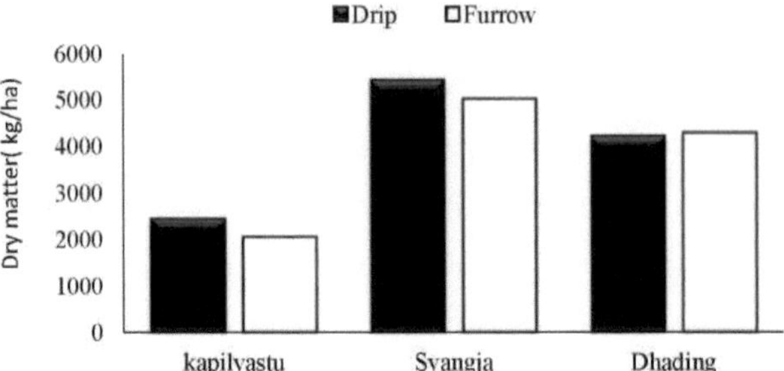

Figura 7. Produção de matéria seca nos locais experimentais, Nepal, estações de crescimento 2013-14 sob diferentes sistemas de irrigação.

4.5.3 Poupança de água, aumento do rendimento e eficiência da utilização da água de irrigação

Em Kapilvastu, a irrigação por gotejamento reduziu o uso de água em 61,0% e levou a 15,5% mais produção de forragem, enquanto que em Syangja a água economizada foi de 80,0% com vantagem de rendimento de 7,5%. No caso de Dhading, a economia de água foi de 75,0% enquanto a produtividade foi menor em 1,7%. Somando os três locais juntos, a irrigação por gotejamento usou 73% menos água enquanto produziu 7% mais matéria seca.

Da mesma forma, a maior eficiência no uso da água 4,42 kg m^{-3} foi obtida pela irrigação por gotejamento em comparação com 1,45 kg m^{-3} de irrigação por sulco em Kapilvastu; enquanto que foi de 13,71 kg m^{-3} para gotejamento e 2,53 kg m^{-3} para irrigação por sulco em Syangja. Da mesma forma, foi de 7,74 kg m^{-3} para gotejamento e 1,97 kg m^{-3} para o método de irrigação por sulco em Dhading (Figura 8). Somando os três locais, a WUE aumentou por um fator de 3.99 do sulco para a irrigação por gotejamento. Note-se que a menor WUE sob as condições mais quentes do local Kapilvastu, em comparação com os outros dois locais.

O Coeficiente de Uniformidade (CU) e a Uniformidade de Distribuição (DU) de laterais selecionadas aleatoriamente foram determinados para testar o desempenho do sistema de irrigação por gotejamento em todos os locais (Tabela 12). Os Coeficientes de Uniformidade de Kapilvastu, Syangja e Dhading foram 76.80 %, 83.43 % e 60.25

%, respetivamente. Do mesmo modo, a uniformidade de distribuição de Kapilvastu, Syangja e Dhading foi de 88,79%, 89,23% e 91,32%, respetivamente.

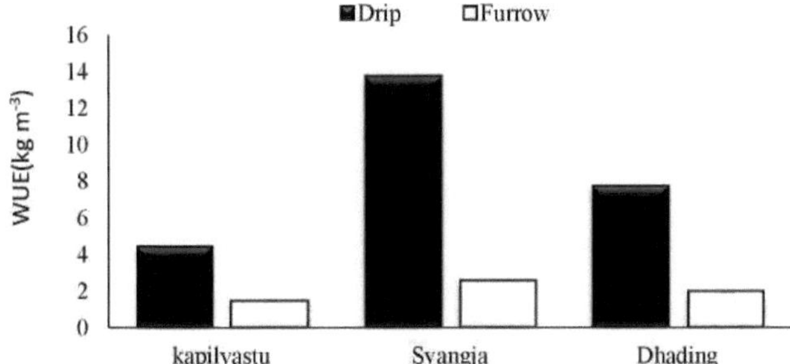

Figura 8. Eficiência do uso da água nos locais experimentais, Nepal, estações de crescimento de 2013-14.

Do mesmo modo, a eficiência da aplicação em Kapilvastu, Syangja e Dhading foi de 74,45 %, 76,05 % e 73,25 %, respetivamente. Estes resultados sugerem que o sistema funcionou satisfatoriamente de acordo com a sua conceção e que a água foi aplicada de forma suficientemente eficiente sem grandes perdas.

Tabela 12. Coeficiente de uniformidade (CU), uniformidade de distribuição (DU) e eficiência de aplicação (AE) para irrigação por gotejamento nos locais experimentais, Nepal, 2013-14

Locations	Uniformity Coefficient (CU%)	Distribution Uniformity(DU%)	Application Efficiency(AE%)
Kapilvastu	76.80	88.79	74.45
Syangja	83.43	89.23	76.05
Dhading	60.25	91.32	73.75

CONCLUSÕES

A agricultura deve responder aos desafios futuros em matéria de segurança alimentar aumentando a produção e conservando simultaneamente recursos naturais importantes. A água é um recurso cada vez mais limitado que é frequentemente mal gerido. Os esforços para melhorar a gestão e a eficiência da utilização da água para o crescimento das culturas devem constituir uma prioridade para os agricultores. No Nepal, 70% da população trabalha no sector agrícola. Embora a água seja um dos recursos naturais mais abundantes na região, os agricultores nepaleses enfrentam a escassez de água e os riscos relacionados com a água, uma vez que registam padrões de precipitação imprevisíveis, estações secas longas e uma frequência crescente de inundações extremas. O rápido degelo dos glaciares nos Himalaias também reduziu a quantidade de água doce disponível para os agricultores nos cursos de água. Os nossos esforços no presente programa de investigação testaram novas ferramentas e sistemas para aumentar a segurança e a eficiência da água, que podem ser facilmente adaptados pelos pequenos agricultores. A principal descoberta da pesquisa é que a irrigação por gotejamento produziu uma biomassa seca de forragem semelhante ao método tradicional de irrigação por sulco, enquanto reduziu drasticamente o uso da água. Curiosamente, a cultura intercalar não produziu mais em comparação com a cultura única, embora a cultura intercalar possa ter outros valores agronómicos importantes. A melhor utilização da água poderia permitir a expansão sustentável da área irrigada e o fornecimento económico de forragem adequada para sistemas pecuários em distritos do Nepal com escassez de água.

A falta de sistemas de irrigação eficazes é um grande impedimento para a produtividade agrícola no Nepal. Embora atualmente os métodos de irrigação dominantes utilizados sejam a irrigação por bacia/fronteira para as culturas de cereais e a irrigação por sulcos para as culturas forrageiras, a irrigação por gotejamento é uma tecnologia que pode melhorar significativamente a produtividade. As nossas descobertas indicam que a aplicação controlada e atempada de água através da irrigação por gotejamento aumenta a produtividade das forragens e especialmente a

UET durante as estações secas, levando a uma utilização mais eficaz e à conservação dos recursos disponíveis na terra, fertilizantes e água. Com base na nossa experiência de campo, a irrigação por gotejamento é uma tecnologia relativamente simples e de baixo consumo que pode expandir substancialmente a capacidade dos pequenos agricultores de plantar forragens e outras culturas durante a estação seca e aumentar a resistência às flutuações do abastecimento de água num clima em mudança.

LITERATURA CITADA

Abdullah, M. e M.T. Chaudhary. 1996. Melhoria da produção de forragens e sementes no Punjab central irrigado. Proc. da Conferência Nacional sobre o melhoramento da produção e utilização de culturas forrageiras no Paquistão, 25-27 de março, realizada no NARC, Islamabad, Paquistão. pp. 55-62.

Alva, A.K. e M. Mozzafari.1995. Lixiviação de nitratos em solos arenosos profundos influenciada pela difusão seca da fertirrigação de azoto para a produção de citrinos. *In:* Simpósio Internacional sobre Tecnologia de Fertirrigação, Israel, 26-31 de março de 1995. pp. 67-77.

Anyoji, H. e I.P. Wu. 1994. Distribuição normal de aplicação de água para horários de irrigação por gotejamento. Trans. of the ASAE 37(1):159-164.

ASAE.1999. Avaliação de campo de sistemas de mirco-irrigação. ASAE EP458 dezembro de 1999. ASAE. 792-797.

Balkcom, K.B. e L.M. Curtis. 2009. Efeitos da irrigação por gotejamento subsuperficial nas propriedades químicas do solo. Tese de Mestrado, Universidade de Auburn: Auburn, AL, EUA.

Bandaranayake, W.M. e M.A. Arshad. 2006. Distribuições de água e solutos no perfil do solo após frequentes entradas elevadas de água. Soil Till. Res. 90: 39-49.

Bandaranayake, W.M., G.L. Butters, M. Hamdi, M. Prieksat e T.R. Ellsworth. 1998. Irrigação e efeitos de gestão de lavoura no movimento de soluto. Soil Till. Res. 46: 165-173.

Bar-Yosef, B. 1999. Avanços na fertirrigação. Avanços em Agron. 65: 2-77. Nova Iorque, N. Y.: Academic Press.

Bhatnagar, P. R. e R.C. Srivastava. 2003. Sistema de irrigação por gotejamento por gravidade para terraços montanhosos do noroeste do Himalaia. Irr. Sci. 21: 151- 157.

Bhattarai, S. P., Midmore, D. J. andPendergast, L. 2008. Rendimento, eficiência do uso da água e distribuição de raízes de soja, grão-de-bico e abóbora sob diferentes profundidades de irrigação por gotejamento subsuperficial e tratamentos de oxigenação em Vertisols. Irr. Sci. 26(5): 439-450.

Bogle, C.R., T.K. Hartz e C. Nunez. 1989. "Comparison of subsurface Trickle and furrow irrigation on Plastic Mulched and Bare Soil for Tomato Production", J.

Am. Soc. Hor. Sci., Vol. 114, No.1 pp. 40-43.

Bowman WD. 1991. Efeito da nutrição azotada na fotossíntese e no crescimento de espécies de *Panicum* C_4.Plant Cell Environ 14: 295-301

Bozkurt, S., A.Yazar, e G. Sayilikan. 2011. Efeitos de diferentes níveis de irrigação por gotejamento na produtividade e algumas caraterísticas agronómicas do milho plantado em canteiros elevados 6(23): 5291-5300.

Bralts, V.F., D.M. Edwards e I Pai Wu. 1987. Projeto e avaliação da irrigação por gotejamento com base no conceito de uniformidade estatística. *Em:* Hillel D. Advances in irrigation, vol. 4. Academic press, Orlando. pp. 499-548.

Brian, D.A. Kaiser, e J. Pitz. 2005. Yield and Digestibility of legume and aat forages. Primefact 52. 1-6. Disponível em www.dpi.nsw.gov.au.

Bruns H.A. e Horrocks R.D. 1984. Relação dos componentes de rendimento dos caules principais e dos perfilhos do sorgo. *Field Crops Research* 8, 125-133.

Cameira, M.R., R.M. Fernando e L.S. Pereira. 2003. Dinâmica dos macroporos do solo afetada pela mobilização do solo e irrigação num solo aluvial franco-siltoso do sul de Portugal. Soil Till. Res. 70: 131-140.

Camp, C.R., 1998. Irrigação por gotejamento subsuperficial: uma revisão. Trans. ASAE 41 (5), 13531367.

Chittapur, B.M., H.B. Babalad, S.M. Hiremath, GA Kulkarni e D.R Sardeshpande. 1994. Cultura intercalar de leguminosas forrageiras em milho para grão. J. Maharashtra Agric. Universities 19(3): 454-455.

Christie, E.K. 1975. Resposta fisiológica de gramíneas do semiárido, II. O padrão de crescimento da raiz em relação à concentração externa de fósforo. Australian Journal of Agricultural Resource 26:437-446.

Dahmardeh, M., A.B. Ghanbari e M. Ramroudi. 2009. Efeito do cultivo intercalar de milho com feijão-frade na produção de forragem verde e na avaliação da qualidade. Asian J. Plant Sci. 8(3): 235-239.

Dakora, F. e D. Philips. 2002. Exsudados de raiz como mediadores da aquisição de minerais em ambientes com baixo teor de nutrientes. Solo vegetal. 245(1): 35-47.

Ella, V. B., M. R. Reyese R. Yoder. 2009. Efeito da carga hidráulica e da inclinação na uniformidade de distribuição de água de um sistema de irrigação por gotejamento de baixo custo. App. Eng. em Agric. 25(3): 349-356.

Eskandari, H. e A. Ghanbari. 2009. Intercropping of Maize *(Zea mays)* and Cowpea (Vigna sinensis) as Whole-Crop Forage: Effect of Different Planting Pattern on Total Dry Matter Production and Maize Forage Qual., *37*(2), 152-155.

Francis, C.A., C.A. Flor e S.R. Temple. 1976. Adaptação de variedades para sistemas de culturas intercalares nos trópicos. *In:* Papendick R. I., P. A. Sanches e G. B. Triplett. (eds). Multiple cropping. Publicação especial número 27. pp. 235-253. Madison. Sociedade Americana de Agronomia.

Furr, J.R. e J.O. Reeve. 1945. Gama de percentagens de humidade do solo através das quais algumas plantas sofrem murchidão permanente em alguns solos de áreas irrigadas do semiárido. J. Agric. Res. 71 (4): 149-170.

Gerik T.J. e C.L. Neely. 1987. Efeitos da densidade da planta no desenvolvimento do caule principal e do perfilho do sorgo. Crop Sci. ;27:pp 1225-1230.

Ghasemi-Sahebi, F., F. Ejlali, M. Ramezani e I. Pourkhiz. 2012. Comparação dos sistemas de irrigação por gotejamento em fita e irrigação por sulco com base na eficiência do uso da água e no rendimento da batata no oeste do Irã. Int. J. Biol. 5(1): 52-63. doi: 10.5539/ijb.v5n1p52

GoN. 2002. Estratégia dos Recursos Hídricos do Nepal. WECS.

GoN. 2005. Plano Nacional da Água. WECS.

Green, T.R., L.R. Ahuja e J.G. Benjamin. 2003. Avanços e desafios na previsão dos efeitos da gestão agrícola nas propriedades hidráulicas do solo. Geoderma 116: 3-27.

Hansen, V., O. Israelsen e G. Stringham. 1980. Irrigation principles and practices (Princípios e práticas de irrigação). New York: John Wiley and Sons.

Hebbar, S. S., B. K. Ramachandrappa, H. V. Nanjappa e M. Prabhakar. 2004. Estudos sobre fertirrigação por gotejamento NPK em tomate cultivado em campo (Lycopersicon esculentum Mill.), *21,* 117-127.

Hulugalle, N.R. e R. Lal. 1986. Balanço hídrico do solo em culturas intercalares de milho e feijão-frade num solo hidromórfico típico da Nigéria Ocidental. Agron. J. 77: 86- 90.

Ibragimov N, S.R. Evet, Y. Esanbekov, B. Kamilov, L. Mirzaev, J.P.A. Lamers. 2007.

Eficiência do uso da água na cultura do milho irrigado no Uzbequistão sob irrigação por gotejamento e por sulco. Agric. Water Manag. 90(1-2): 112- 120.

Ibrahim, A.H. 2011. desempenho de variedades de feijão-frade *(Vigna unguiculata* L. walp) intercaladas com milho *(Zea mays* L.) sob diferentes padrões de plantação por ibrahim, amadu hadejia (msc / agric ./ 37788 / 2003-2004 requisitos para a atribuição do grau de mestre em ciências, (junho).

Ibrahim, M., M. Rafiq, A. Sultan, M. Akram e M. A. Goheer. 2006. Avaliação do rendimento de forragem verde e da qualidade do milho e do feijão-frade semeados isoladamente e em combinação. J. Agric. Res. 44: 15-21.

IPCC. 2007. Resumo para os decisores políticos. Em *Climate Change: Impacts, Adaptation and Vulnerability;* Parry, M.L., Canziani, O.F., Palutikof, J.P., van der Linden, P.J., Hanson, C.E., Eds.; Cambridge University Press: Cambridge, Reino Unido, 2007; pp.7-22.

Iqbal, A., M. Ayub, N. Akbar e R. Ahmad. 2006. Cultura intercalar de leguminosas forrageiras em milho para grão. J. Maharashtra Agric. Universities 19(3): 454-455. 43: 126130.

Javanmard, A., A. Dabbagh Mohammadi-Nasab, A. Javanshir, M. Moghaddam e H. Janmohammadi. 2009. Rendimento e qualidade da forragem em culturas intercalares de milho com diferentes leguminosas em cultura dupla. J. Food, Agric. Env. 7(1): 163-166.

Jayanthi, C., C. Chinnusamy, V. Veerabadran e P. Rangasamy. 1994. Potencial de produção de misturas compatíveis de cereais e leguminosas forrageiras na zona noroeste de Tamil Nadu. Madras Agri. J. 81(8): 420-422, Índia.

Karimi, M. e A. Gomrokchi. 2011. Rendimento e eficiência do uso da água do milho plantado em uma ou duas linhas e aplicando sistemas de irrigação por sulco ou fita gotejante na província de Ghazvin, Irão. Irr. Drain. 41(1): 35-41. doi:10.1002/ird.

Keating, B. e P. Carberry 1993. Captação e utilização de recursos em culturas intercalares: Radiação solar. Field Crop Res. 34: 273-301.

Khatri-Chhetri, T.B. 1991. Introduction to soils and soil fertility. Universidade de Tribhuwan, Instituto de Agricultura e Ciência Animal, Rampur, Chitwan, Nepal. pp 164-198.

Krakauer, N.Y.; Pradhanang, S.M.; Panthi, J.; Lakhankar, T.; Jha, A.K. 2013.

Avaliação de produtos de satélite para estimativa de precipitação em regiões montanhosas: Um estudo de caso para o Nepal. *Sensores Remotos, 5,* 4107-4123.

Kurukulasuriya, P.; Rosenthal, S. 2003. *Climate Change and Agriculture: A Review of Impacts and Adaptations;* Banco Mundial: Washington, DC, EUA.

Langer R.H.M. 1963. Tillering in Herbage Grasses. *Herbage Abstracts* 33, 141-148

Li, S.X, Z. H. Wang, S. S. Malhi, S. Q. Li, Y. J. Gao e X. H. Tian. 2009. Eficiência do uso de nutrientes e água em áreas de sequeiro da China. Avanços em agronomia, vol (102).

Locascio, S.J. 2005. Gestão da rega para produtos hortícolas: Passado, presente e futuro. *HortTechnology, 15,* 482-485

Manandhar D.N. 1989. *Climate and Crops of Nepal;* Conselho de Investigação Agrícola do Nepal e Agência Suíça para o Desenvolvimento e a Cooperação: Kathmandu, Nepal.

Marschner, H. 1986. Efeito de factores externos e internos no crescimento e desenvolvimento das raízes. *In:* Mineral nutrition of higher plants. H. Marschner, Ed, pp. 429-446.

Marschner, H. 1995. Minerals nutrition of higher plants. Academic Press Inte..San Diago, CA, USA.

Martinez, E. J.P. Fuentes, P. Silva, S. Valle e E. Acevedo. 2008. Propriedades físicas do solo e crescimento da raiz do trigo afetados pelo sistema de plantio direto e convencional em um ambiente mediterrâneo do Chile. Soil Till. Res. 99: 232244.

Memon, N.A., M.S. Mirjat e I.B. Koondhar. 1996. Estudo comparativo dos métodos de irrigação por gotejamento e por sulco no crescimento e na eficiência do uso da água no pomar de mangueiras. Meh. Uni. Res. J. Eng.Tech. 15(2): 43-48.

Mgiolo, L., M. Sattin e G. Mosca. 1987. Cultivo intercalar de soja e milho para forragem. Eurosoya. 5: 73-78.

Michael, A.M. 2008. "Irrigation Theory and Practice", Segunda edição (revista e aumentada) Vikas Publishing House PVT. Ltd, Delhi, Índia.

Miller, D. 1997. Rangelands and range management. Newsletter, ICIMOD, N° 27, primavera, 1997.

Ministério do Desenvolvimento Agrícola (MOAD). *Statistical Information on Nepalese Agriculture (Informação estatística sobre a agricultura nepalesa);* Ministério do Desenvolvimento Agrícola (MOAD): Singh Durbar, Catmandu, Nepal, 2012.

Mirjat, M.S., N.A. Memon e M.S. Memon. 1999. Desempenho do método de irrigação por gotejamento em comparação com o método de irrigação por sulcos. Meh. Uni. Res. J. Eng. Tech. 18(1): 55-60.

Mizyed, N. e E.G. Kruse. 2008. Variabilidade da descarga do emissor na irrigação por gotejamento subsuperficial em solos uniformes: Efeito na uniformidade da aplicação de água. Trans. of the ASAE, 26:451-458.

MoAD. 2013. Informação estatística sobre a agricultura nepalesa. Governo do Nepal, Ministério do Desenvolvimento da Agricultura, Divisão de Promoção do Agronegócio e Estatística, Singh Durbar, Catmandu, Nepal.

Mool, P.K., S.R Bajracharya e S. P. Joshi. 2001. Inventory of glaciers, glacial lakes, and glacial lake outburst flood monitoring and early warning system in t the Hindu Kush-Himalayan Region, Nepal. ICIMOD. 364p.

Mosh, S. 2006. Diretrizes para o planeamento e conceção de micro irrigação em regiões áridas e semi-áridas. Int. Comm. Irr. Drain. (ICID).

Mullen, C. 1999. Culturas forrageiras de leguminosas de verão: feijão-frade, lablab e soja. Disponível em: http://www.dpi.nsw.gov.au/agriculture/field/field-crops/forage- fodder/crops/ summer- legume-forage (Recuperado em 10th de julho de 2013).

Nisar, A.M. 1995. Comparative Study of Trickle and Furrow Irrigation Methods on Growth and Water Use Efficiency of Mango Orchard, Mehran University research journal, Vol. 15No.2. pp. 243-48

Ofori, F. e W.R. Stern. 1987. Sistemas de culturas intercalares de cereais e leguminosas. . Agron. 41: 41-90.

Onder, D., Y. Akiscan, S. Onder e M. Mert. 2009. Efeito de diferentes níveis de água de irrigação na produção de cot Mg e componentes de produção 8(8): 1536-1544.

Pitts, D., K. Petersen e R. Fastenau, 1996. Avaliação do desempenho do sistema de irrigação. Engenharia Aplicada. Agric. 12(3): 307-313.

Rameshwar Singh Pande. 2007. Forage Development in Nepal, NFGRC.

Rao, K.S. 2004. Fodder production and grassland management (Produção de forragem e gestão de pastagens). Academa Publishers, Nova Deli, Índia, 281 p.

Rao, N. K. e M. Shahid. 2011. Potencial de feijão-caupi [Vigna unguiculata (L .) Walp .] e guar [Cyamopsis tetragonoloba (L .) Taub .] como leguminosas forrageiras alternativas para os Emirados Árabes Unidos [Cyamopsis ljj*1 j'| Vigna unguiculata (L .) Walp .] -r- Ш-S 1.^ IAJJJXIJI^ 1231 (2): 147-156.

Reocosky D.C. Kemper W.D. Langdale G.W. Douglas C.L. Rasmunssen P.E. (1995) Alterações da matéria orgânica do solo resultantes da lavoura e da produção de biomassa. Journal of Soil and Water Conservation, 50: 253-261.

Rourke, J. 2004. Irrigação por gotejamento: projeto, instalação e gestão. Em WATERpak: A guide for irrigation management in cot Mg(Eds H. Dugdale, G. Harris, J. Neilsen, D. Richards, G. Roth and D. Williams). Narrabri, Austrália: Cot Mg Research and Development Corporation.

Sammis, T.W. 1980. "Comparison of Sprinkler, trickle and Furrow Irrigation Method for Row Crops", Agron. J., No. 72. pp. 701-704.

Schmidt, W. H. e W. L. Colville. 1963. Forage Yield and Composition of Teosinte, Corn, and Forage Sorghum Grown Under Irrigation1. *Agronomy Journal.* doi:10.2134/agronj1963.00 021962005500040007x.

Singh, B. B., Terao, T. T., e Asante, S. K. (1995). Destaques da investigação do feijão-frade do IITA relevantes para o norte da Nigéria. Documento apresentado na Reunião do Esquema de Cultivo IAR/A.B.U., fevereiro de 1995.

Sivanappan, R.K. e D. Chandrasekaran. 1976. Irrigação por gotejamento - Um novo método para economizar água. J. of Indian Central Board of irrigation and Power, Vol. 33. No. 4.

Soccol, O.J., M.N. Ullmann e J. A. Frizzone. 2002. Análise de desempenho de uma subunidade de irrigação por gotejamento instalada em um pomar de macieiras. Braz. Arc. Bio. Tech. 4:525-530.

Song, H.X. e S. X. Li. 2006. Root function in nutrient uptake sand soil water effect on NO_3^- - N and NH_4^- -N migration. Agric. Sci. China 5(5): 377-383.

Tarawali, S. A., B. B. Singh, M. Peters e S. F. Blade. 1997. Caules de feijão-frade como forragem. *In:* B. B. Singh, D. R. Mohan Raj, K. Dashiell e L. E. N. Jackai

(Eds.). pp. 313-325. Advances in Cowpea Research. Co-publicação do Instituto Internacional de Agricultura Tropical (IITA) e do Centro Internacional de Ciências Agrícolas do Japão (JIRCAS), IITA, Ibadan, Nigéria.

Thomas, C.G. 2003. Forage Crop Producktion in the Tropics (Produção de culturas forrageiras nos trópicos). Kalyani Publishers, Ludhiana, Punjab, Índia, 259 p.

Thornton, P.; van, J.D.; Notenbaert, A.; Herrero,. 2009. M. The impacts of climate change on livestock and livestock systems in developing countries: A review of what we know and what we need to know. *Agric. Syst., 101,* 113-127.

TLDP, 2002. Mapeamento da área de produção de sementes de forragem. Third Livestock Development Project, Harihar Bhawan, Lalitpur. pp. 1-20.

Valentim, J.F. e Andrade, C.M.S. 2005. Amendoim forrageiro (Arachis pintoi): uma leguminosa tropical de alta produtividade e qualidade para sistemas sustentáveis de produção pecuária na Amazônia Ocidental Brasileira. Tropical Grasslands, v.39, n.4, p.222.

Veihmayer, F.J. e A.H. Hendrickson. 1949. Methods of measuring field capacity and pemanent wilting percentage of soils. Soil Sci. 68: 75-94.

Wang, S.; Jin-Ho Y.; Gillies, R.; Cho, C. 2013. O que causou a seca de inverno no oeste do Nepal nos últimos anos? *J. Clim., 26,* 8241-8256

Willey, R. W. 1979. Intercropping: sua importância e necessidades de investigação. Parte II. Agronomia e abordagens de pesquisa. Field Crop Res. 32: 1-10.

Willey, R.W. 1979. Intercropping - sua importância e necessidades de investigação. Parte 1: Competição e vantagens de rendimento. Resumo de culturas de campo. 32: 1- 10.

Yang, L. J., Zhang, Y. L., Li, F. S. e Lemcoff, J. II. 2011. Distribuição do fósforo no solo afetada pelos métodos de irrigação em casa de filme plástico. Pedosphere 21(6): 712-718.

Yaseen, S., M. Rao Ishtiaque e Memon. 1992. "An Evaluation of Trickle Irrigation System under Irrigated Agriculture of Sindh", J. Drainage Reclamation, Vol. 5, No. 1 and 2, Drainage and Reclamation Institute of Pakistan, Tanodjam. pp. 14-19.

Yavuz, M.Y. 1993. Os efeitos de diferentes métodos de irrigação na produção de cot Mg e na eficiência do uso da água. Tese de doutoramento. Universidade de

Cukurova, Inst. Sci. Tech. 120p.

Yazar A, S.M. Sezen e S. Sesveren. 2002. LEPA e irrigação por gotejamento de cot Mg na área do Projeto Sudeste da Anatólia (GAP) na Turquia. Agric. Water Manage. 54(3): 189-203.

Yildirim, O. e A. Korukcu. 2000. "Comparação de sistemas de irrigação por gotejamento, aspersão e superfície em pomares". Faculdade de Agricultura, Universidade de Ankara, Ankara Turquia. 47p.

Youngs, E.G., P.B. Leeds-Harrison, e A. Alghusni. 1999. Batimento superficial de solos de textura grossa sob irrigação com uma linha de emissores de superfície. J. Agric. Eng. Res. 73: 95-100.

APÊNDICES

Apêndice 1. Registo meteorológico da investigação localizada em Syangja, Nepal, 2013

Months	Min. temp (^{0}C)	Max. temp (^{0}C)	Rainfall (mm)
March	13.34	28.23	0
April	14.34	27.44	114.9
May	19.67	29.21	66.8
June	22.23	31.08	438
July	22.83	31.90	772.8
August	22.62	31.07	190.2

Apêndice 2. Registo meteorológico da investigação localizada em Kapilvastu, Nepal, 2013

Months	Min. temp (^{0}C)	Max. temp (^{0}C)	Rainfall (mm)
March	12.78	30.21	17.6
April	19.01	36.76	0.9
May	22.81	39.88	0
June	25.41	33.07	610
July	25.73	33.21	615.6
August	25.42	32.80	555

Apêndice 3. Registo meteorológico da investigação localizada em Dhading, Nepal, 2013

Months	Min. temp (^{0}C)	Max. temp (^{0}C)	Rainfall (mm)
March	13.91	28.84	19.4
April	16.54	30.13	86.4
May	19.49	31.74	60.4
June	23.40	30.99	245.2
July	24.15	30.84	307.8
August	23.41	30.78	155.8

Apêndice 4. Tabela de classificação dos valores do solo para determinar o estado de fertilidade do solo experimental

Nutrients	Low	Medium	High
Available N (%)	<0.10	0.1-0.2	>0.2
Available P_2O_5 (kgha-1)	<30	30-55	>55
Available K_2O (kgha-1)	<110	110-280	>280
Organic matter (%)	<2.5	2.5-5.0	>5.0
pH	<6.0 (Acidic)	6.0-7.5 (Neutral)	>7.5 (Alkaline)

Fonte: Khatri Chettri, 1991 e Jaishy, 2000

Apêndice 5. Somas médias dos quadrados do teor de nutrientes (NPK) do solo para o método de irrigação e o método de cultivo em três locais, Nepal, 2013

Source	df	Soil N	Soil K	Soil P
Location	2	0.005***	93936.25***	96664.64***
R(L)	9	0.000	78.86	3.87
Factor A	1	0.001***	12.83	3.24
LA	2	0.000	1.21	3.07
Error	9	0.000	24.48	5.80
Factor B	2	0.000	4.25	490.83***
LB	4	0.000	52.09	144.35
AB	2	0.000	5.79	113.63
LAB	4	0.000	31.65	90.84
Pooled Error	36	0.000	401.09	30.49
Total	71			

*, ** and *** denotes significant at 5%, 1% and 0.1% level of significance respectively

Apêndice 6. Somas médias do quadrado da matéria orgânica, pH e densidade aparente do solo para o método de irrigação e o método de cultivo em três locais, Nepal, 2013

Source	df	Organic Matter	pH	Bulk density
Location	2	5.75***	29.82***	0.042
R(L)	9	0.56	0.17	0.248
Factor A	1	0.64***	0.02	0.030
LA	2	0.15	0.01	0.072
Error	9	.045	0.13	0.225
Factor B	2	0.07	0.02	0.009
LB	4	0.74	0.01	0.052
AB	2	0.09	0.02	0.013
LAB	4	0.08	0.01	0.012
Pooled Error	36	2.70	0.49	1.086
Total	71			

*, ** and *** denotes significant at 5%, 1% and 0.1% level of significance respectively

Apêndice 7. Somas médias do quadrado da altura da planta e do número de trifólios do feijão-frade e da altura da planta e do número de perfilhos para o método de irrigação e o método de cultivo em três locais, Nepal, 2013

Source	df	Plant height (cowpea)	Trifoliate number	Plant height (teosinte)	Tiller number
Location	2	2286.54***	278.76	99798.28***	1.08
R(L)	9	504.14	730.92	1191.70	32.47
Factor A	1	2.29	45.04	20.90	9.61
LA	2	94.81	125.09	2539.52	41.42
Error	9	431.67	792.29	2584.05	50.11
Factor B	1	40.71	9.63	535.46	0.86
LB	2	221.24	180.76	55.69	3.60
AB	1	0.32	135.00	134.33	1.14
LAB	2	80.60	337.01	205.62	1.65
Pooled Error	18	627.80	1075.21	5289.40	57.15
Total	47				

*, ** e *** denotam significância aos níveis de significância de 5%, 1% e 0,1%, respetivamente

Printed by Books on Demand GmbH, Norderstedt / Germany